U0013843

髒養

美國頂尖科學家談**細菌**對寶寶**免疫力**的益處，
從孕前起的**105**個育兒Q&A

Dirt Is Good:
The Advantage of Germs for Your Child's Developing Immune System

傑克・紀伯特博士 Jack Gilbert, Ph.D.
羅布・奈特博士 Rob Knight, Ph.D.
珊卓拉・布萊克斯里 Sandra Blakeslee —— 著

白承樺 —— 譯

給我們的孩子

CONTENTS

推薦文

與細菌和平相處，才能「骯髒吃，骯髒大」 ················· 13
—— 陳木榮（柚子醫師，柚子小兒科診所院長）

引言 ·· 15

Chapter 1 微生物群系 ··························· 19

Chapter 2 人類微生物群系 ······················ 27

Chapter 3 懷孕

Q1：我的微生物群系是否會影響受孕？細菌是否與不孕有關？ ·········· 34

Q2：伴侶的微生物群系會影響胎兒嗎？ ····················· 36

Q3：我該在懷孕前看牙醫嗎？ ···························· 37

Q4：懷孕期間吃基改食品安全嗎？有機食品比非有機好嗎？ ········· 38

Q5：嘴饞是微生物的錯嗎？為什麼晚上特別想吃醃菜和冰淇淋？ ······ 40

Q6：我在懷孕時變胖，跟微生物有關係？ ····················· 42

Q7：微生物與妊娠糖尿病是否相關？ ······················· 44

Q8：運動是否能影響我的微生物群系？運動對懷孕有幫助嗎？ ······· 46

Q9：微生物是否會造成早產？ ····························· 47

Q10：還有什麼東西可以穿過我的胎盤？ 51

Q11：懷孕期間使用抗生素會影響我的嬰兒嗎？ 54

Q12：懷孕時可以服用抗憂鬱劑嗎？我可以在哺乳期間服用嗎？ 56

Chapter 4 生產

Q13：我應該在家裡還是在醫院分娩？ 60

Q14：聽說剖腹產對寶寶不好，為什麼？ 62

Q15：胎兒皮脂對寶寶有什麼影響？ 66

Q16：微生物群系與壞死性小腸結腸炎有關嗎？ 67

Q17：出生順序會影響微生物群系嗎？ 69

Q18：男孩和女孩是否會依據出生時遇到的微生物，
　　　而有不同的微生物群系？ 70

Q19：來自爸爸媽媽的微生物有什麼不同？ 73

Chapter 5 母乳哺育

Q20：餵母乳很重要嗎？ 76

Q21：是什麼讓母乳如此特別？ 77

Q22：如果我不能親餵母乳呢？ 80

Q23：配方奶安全嗎？ 83

Q24：乳母或人乳銀行的奶是否安全？ 86

Q25：膳食補充劑會隨母乳產出嗎？ · 87

Q26：抗生素是否會隨我的乳汁排出？
　　　這將會如何影響寶寶的微生物群系？ · · · · · · · · · · · · · · · · · · · 89

Q27：什麼原因導致嬰兒腸絞痛？是微生物的錯嗎？ · · · · · · · · · · · 92

Chapter 6　抗生素

Q28：如果寶寶出生時碰到胎糞，一定要使用抗生素嗎？ · · · · · · · 94

Q29：可以在陰道分娩時拒絕使用抗生素嗎？ · · · · · · · · · · · · · · · · · 96

Q30：新生兒是否應該使用抗生素眼藥水？ · · · · · · · · · · · · · · · · · · · 97

Q31：抗生素對我和寶寶的腸道有什麼作用？ · · · · · · · · · · · · · · · · · 99

Q32：新生兒出生後六個月內所使用的抗生素，是否會導致肥胖？ · · · · · 101

Chapter 7　益生菌

Q33：益生菌對什麼有益？ · 106

Q34：哪種益生菌對我的孩子最好？ · 114

Q35：孩子腹瀉時，我應該給他益生菌嗎？ · · · · · · · · · · · · · · · · · · · 116

Q36：如果我的孩子服用了抗生素，是否也應該服用益生菌？ · · · · · · 117

Q37：益生菌優格可以治療尿布疹嗎？ · 118

Q38：什麼是益生元？它們有什麼功效？ · 120

Chapter 8 兒童日常飲食

Q39：寶寶的糞便顏色很奇怪，
　　　這與微生物群系的變化或飲食習慣有關嗎？ 124

Q40：在將食物放入寶寶嘴裡之前，應該先咀嚼過嗎？ 126

Q41：我該給孩子膳食補充劑嗎？例如兒童維他命咀嚼錠？ 127

Q42：什麼樣的固體食物最適合一歲以下的嬰兒？ 129

Q43：微生物群系是如何影響孩子的食物過敏呢？ 131

Q44：我的孩子可以吃素嗎？純素呢？ 135

Q45：什麼是小孩版的原始人飲食法？
　　　這樣的飲食方式對他的微生物群系有好處嗎？ 136

Q46：怎麼吃對孩子的微生物群系最好呢？
　　　我能引誘挑食的孩子喜歡這些食物嗎？ 138

Q47：糖是如何影響孩子的微生物群系？ 140

Q48：可以透過改變微生物群系來控制孩子的體重嗎？ 142

Q49：基改作物、殺蟲劑和除草劑殘留物、人工甜味劑或內分泌干擾物如雙酚
　　　A，會影響孩子的微生物群系嗎？ 145

Chapter 9 兒童腸道

Q50：寶寶的腸道長什麼樣子？ 150

Q51：腸道微生物如何形塑孩子的免疫系統？ 153

Q52：微生物與孩子的腹瀉、便祕有關嗎？ 155

Q53：該如何判斷孩子是否有滲透性腸道？我可以修復它嗎？ ⋯⋯⋯⋯ 157

Q54：世界各地的嬰幼兒的微生物群系有何不同？ ⋯⋯⋯⋯⋯⋯⋯⋯⋯ 160

Chapter 10 憂鬱症

Q55：寶寶出生前後，我感到很沮喪，這跟微生物有關嗎？ ⋯⋯⋯⋯⋯ 164

Q56：該如何避免產前或產後憂鬱症找上我？ ⋯⋯⋯⋯⋯⋯⋯⋯⋯⋯ 168

Q57：倘若我很憂鬱，會影響到寶寶的微生物群系嗎？ ⋯⋯⋯⋯⋯⋯⋯ 170

Q58：我的家人有憂鬱症，能否透過控制孩子的微生物群系，
　　　預防他得到憂鬱症？ ⋯⋯⋯⋯⋯⋯⋯⋯⋯⋯⋯⋯⋯⋯⋯⋯⋯ 171

Q59：微生物群系與孩子的學習困難有關嗎？ ⋯⋯⋯⋯⋯⋯⋯⋯⋯⋯ 174

Chapter 11 疫苗

Q60：嬰兒接種疫苗是否安全？ ⋯⋯⋯⋯⋯⋯⋯⋯⋯⋯⋯⋯⋯⋯⋯⋯ 178

Q61：是否有一個最適合孩子的「疫苗施打時程表」；
　　　在選擇施打的疫苗時，我是否該考慮他們的微生物群系？ ⋯⋯⋯ 183

Q62：在接種疫苗前後，我該給孩子吃益生菌嗎？ ⋯⋯⋯⋯⋯⋯⋯⋯ 185

Q63：我的孩子是否該接種流感疫苗？ ⋯⋯⋯⋯⋯⋯⋯⋯⋯⋯⋯⋯⋯ 188

Chapter 12 環境

Q64：我不該害怕細菌嗎？ ⋯⋯⋯⋯⋯⋯⋯⋯⋯⋯⋯⋯⋯⋯⋯⋯⋯⋯ 190

Q65：尿布上的細菌會傷害我的寶寶嗎？ ⋯⋯⋯⋯⋯⋯⋯⋯⋯⋯⋯⋯ 192

Q66：我該如何協助孩子建立一個健康的免疫系統與抵抗疾病的微生物群系
　　　呢？抵抗感染或慢性疾病的做法有什麼不同嗎？ 193

Q67：我應該帶孩子去農場嗎？ 195

Q68：我該養狗嗎？ 199

Q69：醫院有多危險？如果孩子需要開刀，我該擔心院內感染嗎？ 201

Q70：吃泥土對我的孩子真的好嗎？ 203

Q71：我把家裡打掃得太乾淨嗎？還是太髒？我多久該清理浴室一次？ 205

Q72：我該要求孩子經常洗手嗎？多久一次呢？ 207

Q73：我應該使用抗菌肥皂或洗手液嗎？ 208

Q74：如何選擇抗黴除疹霜、抗菌濕紙巾等嬰兒用品？ 212

Q75：我的孩子摸到大便沒有關係嗎？ 214

Q76：嬰兒多大時可以開始接觸外人？ 215

Q77：孩子會不會從學校帶回有害的微生物？我需要擔心外籍孩童嗎？ 216

Q78：我有沒有把不好的微生物從工作場所帶回家？ 218

Q79：我應該要擔心寶寶撿地上的東西吃嗎？ 220

Q80：我該消毒寶寶的安撫奶嘴？我該舔它嗎？ 221

Q81：我聽說紐約市地鐵裡有瘟疫和炭疽菌的微生物。
　　　帶我的小孩去坐地鐵安全嗎？ 222

Q82：我的孩子應該參加聖餐禮嗎？ 224

Q83：我應該用洗碗機還是用手洗碗？怎樣做對微生物的健康最好？ 225

Q84：孩子該多久洗一次澡？ 227

Q85：我應該讓孩子喝公共飲水機的水嗎？還是給他們自來水或瓶裝水？...228

Q86：我的孩子摸了一條蛇。蛇是否會攜帶危險的細菌？ 229

Q87：旅行對孩子的微生物群系有什麼作用？ 231

Q88：我聽說芬蘭和瑞典的父母讓嬰幼兒在戶外睡覺。
　　　這是否能促進微生物群系的健康？我應該打開窗戶嗎？...........236

Chapter 13 健康問題

Q89：我的孩子長了奇怪的疹子，跟微生物群系有關嗎？ 242

Q90：為什麼在我孩子的喉嚨（鼻子等）裡有致病細菌，
　　　但他卻沒有任何病徵呢？ 244

Q91：我曾讀到微生物會導致肥胖。這是真的嗎？ 246

Q92：我聽說兒子的氣喘是由於過少接觸微生物。
　　　這是真的嗎？我能做些什麼呢？ 248

Q93：微生物群系如何影響孩子的自閉症？ 251

Q94：口腔微生物群系可否預示孩子有蛀牙的危險？ 255

Q95：要如何判斷孩子是否患有乳糜瀉或麩質不耐症？
　　　這與微生物群系有關嗎？ 256

Q96：我的孩子有糖尿病。這與微生物群系有關嗎？ 258

Q97：我該如何面對經常性的耳炎？到底要怎樣做才能打破這個循環？ ...262

Q98：醫生有辦法在診間裡，直接測出感染是因為細菌還是病毒嗎？........263

Q99：什麼是糞便移植？它可以協助治療孩子的健康問題嗎？.............265

Chapter 14 檢測

Q100：讓孩子做糞便篩檢有風險嗎？.............................268

Q101：我該在受孕前去檢測我的微生物群系嗎？.....................269

Q102：如果我決定要讓孩子的微生群系受測，該怎麼做呢？............270

Q103：有什麼方法可以讓我追蹤孩子微生物群系的變化嗎？............275

Q104：我該如何使用這些訊息？.................................276

Q105：我要怎麼知道檢驗結果是否可靠？..........................278

結論：別再相信沒有根據的說法了.............280

致謝...286

參考文獻.......................................288

與細菌和平相處，
才能「骯髒吃，骯髒大」

陳木榮｜柚子醫師，柚子小兒科診所院長

　　很多人覺得「細菌」是個無論如何都要大力消滅的壞東西，可是近年來的各類研究大大推翻了這些想法，舉例來說：多年來食物引起肉毒桿菌中毒偶有發生，可是肉毒桿菌卻也被廣泛應用在疾病治療及美容方面造福人群。環境中的千萬種細菌幾乎無所不在，細菌存活在人類的皮膚上、嘴巴中，就連人類的腸道中都充滿了各式各樣的細菌，這些細菌只有一小部分會對人類造成傷害，大部分的細菌都可以跟人類和平共處，甚至對人類有幫助。也因為如此，近年來許多科學家研究起「乾淨養小孩」跟老祖宗「骯髒吃，骯髒大」的好壞處，結果告訴我們似乎不必執著於讓孩子生活在無菌室當中，《髒養》這本書也存有同樣的論點。

　　隨著日新月異的科學進步，很多以往認知的正確觀念都被慢慢修正，對於「細菌」的認識也同樣如此，本書中提出了不少觀念與想法，試著解答爸爸媽媽心中長久對「細菌」未解的疑問，更棒的一件事，也是爸爸媽媽看本書時必須多留意的是：本書中明確告訴讀者，這些是研究證明有效、那些是沒有根據的謠言、這些研究目前只在老鼠身上實驗、那些只是個人經驗，一般民眾容易混淆的，在本書中都有明白告知讀者區分不同之處，給了爸爸媽媽很大的幫助，最後我仍然要強調，即使是現在所認知的正確理論，也可能在幾年後再度被推翻，這是人類的進步，大家也不必為了過程中短時間的錯誤認知而感到難過。推薦大家閱讀《髒養》，一定可以找到最適合自己的育兒建議。

引言

「小孩如果吃到泥土、汙垢的髒東西，真的沒關係嗎？」

這僅是世界各地憂心的家長們，拿來轟炸我們的問題之一。父母一向很注重孩子的健康，但這些從網路取得未經證實的資訊，只會使人更困惑而沒有太多幫助。

為什麼會問我們？

因為我們是人類微生物群系的頂尖科學家。人類微生物群系（microbiome）常和病菌（germs）混淆，事實上，在我們體內的這群微小、肉眼看不見的友善微生物（當然也包含一些在特定條件下，不那麼友好的微生物），能幫助我們消化食物、製造維他命、預防疾病，以及雕塑我們的器官、調和我們的免疫系統，甚至能形塑我們的行為。

人們認定大部分的細菌或病菌都是有害的，必須窮盡各種手段消滅牠們，但這是錯誤的觀念，甚至可能引發危險的後果。最新的微生物研究發現：我們在日常生活中接觸到的大多數細菌，和那些在我們身體裡裡外外的細菌，不僅友善，更是我們賴以生存的關鍵。我們卻因為害怕危險，極盡所能的想要殲滅牠們。然而，就在我們因為戰勝了這些古典細菌而狂喜的同時，卻也因此打開了現代流行疾病的潘朵拉的盒子，包括：肥胖症、氣喘、過敏、糖尿病、乳糜瀉（celiac）、腸躁症、多發性硬化症、類風濕性關節炎，和許多其他現今世界流行的各項慢性疾病。

在科學界，微生物群系的研究成果正在引領一個新的風潮。近幾年來，透過報章雜誌、TED演講（我們也在TED分享）、紀錄片、電台和電視談話性節目，以及廣播和無處不在的網際網路，微生物群系的研究從過去僅是生物醫學研究的子領域，已搖身一變成為公眾談論的焦點話題。其中不乏傳媒大肆渲染的錯誤訊息，然而大量而混雜的訊息，只會帶給那些總是想要給幼兒最好的父母們，更多的困惑和焦慮。

於是，在各種場合裡，都有人來詢問我們的意見。

某次錄影現場，在我分享家中毛小孩和健康的微生物群系的角色之後，一位影音技術人員走向我們。他有點緊張的問：「我兒子非常喜愛社區的遊樂場，特別是沙坑和立體格子鐵架。他每天都想要去玩，但是那地方真髒。我的意思是，口香糖黏得到處都是、滿地的狗屎和鴿子。我難道不應該擔心他會因此染上疾病嗎？」

在搭車移動的途中，一位毛髮漸禿的計程車司機發現我在做這方面的研究，他面露痛苦的轉頭說：「我的天呀。您能幫幫我嗎？我的兒子患有糖尿病。他非常胖，而且他才三歲。我和太太完全不知該如何是好。」

一位正在打掃的清潔工，滿臉擔憂的攔下走廊上的我們。「我們被要求使用抗菌產品清潔所有的地方。但這真的是好主意嗎？我在兩所小學打掃，而且我還有一個五歲的孩子。」

甚至連不知道我們是誰的路人，也不放過機會。在超市裡，一位女士端詳著滿櫃的益生菌問：「我的小女兒一直腹瀉，都不見好轉。您可知道這麼多牌子裡，哪一款真的有效？我真的快瘋了！」

我們能同理這些感受，因為我們也有孩子。在養育孩子的過程

中，每當他們的健康出狀況時總是讓為人父母的我們格外無助。事實上，從分娩那一刻起，父母就得開始面對數不清的、擔心受怕的情況。

傑克的兒子狄倫和胎糞（新生兒第一次排出體外的深綠色糞便）一起被生出來。因為他在產道裡大便，為了預防他把胎便吸到肺裡面，而引起嚴重感染，所以出生後馬上被施打抗生素，並且要住院觀察。狄倫六個月大時，發生過好幾次腹瀉，之後演變成好幾波的全身性念珠菌（Candida）感染（也就是鵝口瘡）。這疹子看起來像是一塊白色的補丁貼在猩紅色的背景上。又因為耳朵發炎，後來開始發出一種近似狗吠或是咳嗽的哭喊聲。六歲時，他被診斷有高功能自閉症，現今認為這種發展型缺陷與微生物群系有關。

羅布即將出生的女兒，因為產程時間過長而開始受到壓迫，焦慮的父母們只好勉強同意進行剖腹產手術。但是他們並不打算完全放棄陰道分娩，因為羅布的研究強烈建議自然產對新生兒的好處。一小時後，醫務人員離開病房讓嬰兒與父母獨處。此時，羅布拿出棉花棒，取了一些太太陰道裡的體液，塗在他女兒的嘴巴、鼻子、耳朵、臉、皮膚和會陰上，為她接種在陰道產時該經歷的微生物。這樣與生俱來的權利，在剖腹產的過程中都錯過了。羅布擁有最好的科學證據和知識，甚至直接參與研究，所以他知道怎麼做對新生兒最好。

我們寫這本書的目標，是希望透過微生物群系對孩子健康發展的影響，提出最好的科學建議。什麼樣的程序、藥物、食物、環境曝露和日常作息，能幫助或是傷害生命初期的幼兒？怎麼保護他們？什麼是有效或無效？該如何判斷孩子走在正確或錯誤的發展軌道上？什麼是傳媒誇大不實的廣告，該相信誰呢？

我們不是醫生，不能提供醫療建議。但我們是參與研究的科學家，所獲得的大量數據與成果，不僅可以對微生物與身體健康的相關問題，提供具有科學證據的解答，同時還能為全世界的醫師和臨床醫療人員所依賴的研究論文奠定基礎。在回答這些問題時，我們也將提供正在進行中的人體臨床實驗信息。但是，有些實驗，因為觸及道德問題無法在人體上進行，因此將仰賴觀察式研究的綜合結果（觀察人群之間的差異），及參考動物實驗或試管實驗。尤其從人類觀察到的（例如，瘦的人和胖的人有不同的微生物）現象，往往能促成更詳盡的動物實驗（如，在小鼠身上殖入瘦的人身上的特定微生物，讓小鼠變瘦了）。一般來說，這種從人類到動物臨床的實驗研究，比起單看人類研究，更能提供對生物機制的了解。無論如何，要記得人類和動物還是不同的，在動物身上找到的結果，不見得可以應用在人類身上。解讀研究結果時請務必特別小心。

這本書的編排，先簡短地介紹微生物和人類微生物群系，接著再從懷孕到出生，嬰兒、幼兒到學齡前的各階段，回答最常見的育兒問題。本書特別著重於跨年齡的健康狀況、評估和醫療措施。我們將在每一章節中，回答最常見的問題。如果在這一章找不到答案，可能在後面幾章找到。這本書的行文多以對話方式呈現，希望營造與你面對面談話的親切感。

不論你喜歡與否，微生物群系已經被加在落落長的育兒煩惱清單上了，現在就讓我們來一探究竟。

微生物群系

Chapter 1

大約四十五億年前，一團碟狀的星雲和氣體，坍陷成為一顆太古球體（形成地球）。當時這球體不僅毫無生機，還帶有高溫熔融的岩漿與致命的氣體。在冷卻之後，新形成的堅硬地殼讓（經由特別途徑）來自彗星的液態水匯聚至地表。

十億年後，那煉獄般的行星被徹底地改造。現在滿布能獨立生活的單細胞原核生物和古細菌。牠們以淺層微生物墊（※1）的形式聚積於海洋底層和高聳的火山山脈間，事實上，這些原始居民到今天還存活於地表和海裡最冷、最熱的地區，牠們幾乎什麼都吃，包括氨、氫、鐵。

生物學的最大謎團就是如何解釋生命的起源。這些無生命的化學物質是如何創造出細胞膜、自體複製並餵食和修復自己的？過去科學家認為是：一缸「原始湯」被閃電擊中的瞬間，一個像「科學怪人」的有機生命誕生了。

最新的理論又添加了一點色彩。根據最新的微生物基因分析顯示，生命起源可追溯到海底熱泉噴發的沸騰氣體[1]。也就是說，我們藉由分析現代基因所找到的第一個細胞，是在一個溫度高、富含鐵和硫酸、完全黑暗的環境中。這些細胞以氫氣為食，是的，牠已經找到能存活下來的能量來源。

幾百萬年來，這些微生物墊隨自然演化的節奏不斷運行著。某些微生物漸漸發展出利用太陽光的能量，轉化二氧化碳與水變成食物，釋放大量的氧氣（也就是光合作用）。你所呼吸的空氣都是這些微生物生產的。

之所以提及這些背景資訊，是為了說明一個難以理解的事實：人

---

1. 微生物墊（microbial mats），是形容微生物在水體底部堆疊而成，像地毯一樣。

類所居住的星球，其實是由肉眼不可見的微生物所運行的。三億年來，地球上唯一的居民只有微生物，牠們創造了生物圈，維持著包含碳、氮、硫、磷和其他營養物質的全球循環，還組成土壤。值得一提的是，牠們將多細胞生物演化所需的條件先行設定好，也就是星球、動物和我們全人類，都是靠牠們才能演化出來。

地球上的細菌數量，大約是 10^{30}（10 後面接 30 個零），比銀河星系中的恆星數量還多。而病毒的數量，至少比細菌多兩個數量級（十的二次方）。根據一項新的估算，地球上大約有一兆種微生物，其中 99.999％種還有待發現[2]。如果把他們一個接一個排列成為一條「蟲鏈」，這條鏈的長度能來回太陽 200 兆次。

這意味著，我們被微生物暗物質團團包圍，然而微生物學的研究僅建立在不到百分之一的基礎上。我們資料庫裡只編排了 50,000 個微生物基因組序列，其餘都是謎，也沒辦法在實驗室培養出來。

雖說如此，我們對於生命如何運作，以及簡單的規則如何變得複雜，還是有一定程度的了解。生物學仰賴演化、競爭、合作的原則，而微生物則是最擅於合作的大師。一個微生物所產生的廢棄物，會變成牠鄰居的食物。牠們相當關心居住的環境和身邊的鄰居，不僅將基因訊息傳給後代、鄰居，甚至還能跨物種傳遞。

再談微生物間的競爭，微生物世界是個無止境的戰局。食物來源相同的細菌，得拚命找到比鄰居更好的掠食方法。身為世仇的細菌和病毒，在歷經數十億年的爭鬥後，發明了各式化學反應和你所能想像到的各種攻防策略與生存技倆。

另一個會讓你驚訝的事實是，這些肉眼看不見的微生物總體，比可見的生命和星球全部聚集，例如把鯨魚、大象、雨林及你身邊的

我們所稱「微生物」的生物有三個領域：細菌、古細菌和真核生物，這三者的基因差異性比人和魷魚，或人和松樹還更大。

首先是細菌。大多數人在談論病菌、細菌或微生物時所想到的就是細菌。雖然牠們是沒有核的單細胞生物，卻不原始。牠們能移動、吃東西、消滅廢棄物、防禦敵人，並以不尋常的效率繁殖。

其次是古細菌，一群在顯微鏡下看起來非常像細菌的單細胞生物，卻有其獨特的謀生方式。牠們源於同株生命樹上不同的分支，有著不同的基因和生物化學特性。牠們多數被稱為「嗜極生物」（或嗜極端菌），能在滾燙的溫泉和鹽水湖裡成長茁壯。其他則住在較和緩的氣候帶、海洋裡，甚至在人類的腸道和皮膚中。

第三種是真核生物，包含真菌和原生生物王國。這些真菌與森林裡的傘菌不同，是牠們單細胞版的生命型態。你肯定熟悉用來製作麵包、啤酒和葡萄酒的酵母菌帶給我們的益處，但有些如念珠菌（Candida）則會引起感染。原生生物是植物、動物和真菌的單細胞親屬，也是微生物祖先的最早化身。

最後是有爭議的病毒。他們是否算是活著還有待商榷，但他們的確能利用細胞周圍的細胞機制來有效地複製自己。

這些細菌、古菌、真菌、原生生物和病毒，統稱為微生物相（microbiota），牠們組成了一個植物、動物，或是生態系統的微生物群系（microbiome）。

微
生
物

一切加起來還重了一億倍。

肉眼可見的生物，絕大多數是由真核生物（只有一個核的單細胞）構成的，在過去的六億年間逐步發展成為體型更大的生命。你也是真核生物，你的身體就是由真核細胞所組成的。但是不同於真核生物只有一個細胞，你的身體是由上兆個細胞組成，依不同身體部位而有差異，每個細胞核裡面都寫著基因編碼。我們將在第二章討論你的真核細胞是如何發展出與微生物的特殊關係。

在開始講述人類微生物群系之前，為了娛樂效果，我們想先來說說那些條件險峻、環境惡劣，卻被微生物當成家園的棲地。

在南美洲有如火星般的火山上，住著細菌與古細菌。那裡沒有水，氣溫極端，還有強烈的紫外線，牠們從地球內部流出的一縷縷氣體中提取能量和碳。

海洋中含有至少二千萬種海洋微生物，占海洋生物的 50~90%。南美洲西海岸的海底，有一片面積幾乎和希臘一樣大的微生物墊。在紐芬蘭島海底 5000 英呎底下的淤泥裡，也擠滿了微生物。

在熱液噴發口的細菌，幾乎能棲息於任何東西上：岩石、海底和像是貽貝及管蠕蟲的動物體內。牠們在強酸、鹼性、沸騰的鹽水，以及高壓高溫的環境中生氣勃勃。有些喜歡高溫的「嗜熱生物」生長於華式 235 度的高溫中。黃石公園滾燙的池塘裡那些深藍、綠和橘的色彩，都是牠們的身影。

在世界上最深的金礦岩石裡，也能找到微生物的蹤跡。事實上，牠們以黃金為食，就像《格列佛歷險記》裡小人國的礦工（Lilliputian miners）一樣將礦物分解。

最近，在與阿巴拉契亞盆地頁岩床相隔200英里的兩個水力壓裂井裡，發現了一個新的細菌屬（Candidatus frackibacter），一種喜愛強酸的微生物，以礦井排水廠為家。

2010年墨西哥灣的深水地平線號（Deepwater Horizon）鑽油井漏油之後，微生物大口大口地咀嚼海水中有毒的碳氫化合物「燉菜」。

微生物還吃塑膠：每年八百萬公噸被丟進海洋的塑膠，有多少就吃多少，麻煩的是，每一件塑膠需要至少四百五十年才能被分解完成。太平洋大垃圾區是一個漂浮在海面上的塑膠垃圾漩渦，大約有一千種微生物生活在廢棄物上。

垃圾掩埋場裡堆著滿坑滿谷的聚對苯二甲酸乙二醇酯（簡稱為PET或PETE），用於製造瓶裝水、沙拉脫水器和花生醬罐的塑膠原料。縱然它在美國已經是被回收最多的塑膠類，其中三分之二沒有被丟進家用垃圾桶裡。研究人員最近檢驗250種沉積物、土壤、廢水和汙泥樣本，看看是否有任何微生物可能喜歡吃這些東西，結果找到一名自願者：Ideonella sakaiensis（※2），愛吃PET塑膠的細菌。

甚至有真菌愛吃鈾，所以被派去吸收日本福島核子反應爐毒水裡的輻射。

有些細菌能在四十英里以上的高空謀生：在大氣層中，牠們形成雲、雪和雨。當雨水下在樹與灌木的葉子上，雨滴裡的細菌能讓水結成冰，形成冰晶。植物組織因此受損，這麼一來，微生物便能進

---

2. Ideonella sakaiensis 是一種由日本慶應大學宮本憲二教授與京都工藝纖維大學的小田耕平教授發現的細菌。

入植物裡，進而利用植物裡的資源（當然從植物的角度來看，這是被感染了！）。

　　微生物能在外太空生存：牠們乘坐所有的太空梭並且安頓在國際太空站裡。就在和平號太空站外，俄羅斯人將微生物曝露在外太空長達一年，有些存活下來。美國太空總署的科學家們，懷疑火星上偶而有水道出現，便派遣好奇號（機器人探測車）前去探測火星地形。但由於探測車載有來自地球的微生物，他們害怕微生物會在水裡快速蔓延，汙染地球以外的水源，所以終究沒能靠得太近。

　　牠們滿布你家：嗜極生物在洗碗機、熱水器、洗衣機的漂白劑宣入格和熱水管裡。牠們在每個表面，甚至在你的自來水裡。

　　我們利用牠們製作食物、藥品、酒精、香水和燃料。近乎每種抗生素都源自於微生物。

人類微生物群系——

Chapter 2

如同你在第一章所讀到的,地球有著自己的微生物群系。在土壤、空氣、水、森林、山脈、壓裂液、金礦和你的熱水器裡,牠無處不在。

動物也擁有自己的微生物群系,就像你和孩子一樣,牠們在出生時從母體、其他動物和環境中獲得。科莫多大蜥蜴寶寶和周圍環境分享牠們皮膚和口中的微生物;章魚蛋在受精後數小時內便被友善的細菌殖民;吸血蝙蝠和無尾熊母親,將微生物傳給牠們的寶寶,這些微生物使寶寶們能消化十分特殊的膳食。

每種生物和其精選的細菌共同演化。白蟻能消化木頭,正因為牠腸道裡的細菌能分解通常不能被分解的纖維素。牛之所以能吸收草裡的養分,得要謝謝住在牠們四個胃裡面的微生物。蚜蟲非常倚重牠們腸道裡的微生物,牠們被授權製造像是胺基酸等重要的養分給細菌。蚜蟲的基因已不再能行使這些功能,牠們將工作移交給微生物。

人類也有一個微生物群系。也許你曾經讀過,你身體裡的微生物是人體細胞的十倍之多。但這並不正確,這比例是根據一項 1972 年的粗略估算,又因為很多人迷信這個數字,更新數據的工作才停滯不前。最新的分析將此比例定在 1.3 個微生物比 1 個人體細胞[1]。這樣算來平均一個人有大約四十兆個微生物細胞和三十兆個人體細胞。體型大小和性別等個體差異,也會影響體內微生物和人體細胞的比例。主要的概念是:我們是一個超有機體(superorganism),大約有一萬種微生物物種住在我們身體的裡裡外外,全部加起來重達三磅:跟你的大腦一樣重。

讓我們回想一下微生物群系的定義:所有微生物和一起運作的所有基因,都包含在群系裡。

每個人類的基因有至少一百種微生物基因，牠們負責與你身體相關的許多生化活動，從消化食物中的碳水化合物到製造維他命，來控制你的健康。

　　重要的是，微生物群系的基因組（genome）每天隨著食物、環境、我們的用藥和健康狀況改變，特別在幼年階段變化得更多。然而，人類基因組卻終身不變。

　　我們的研究目標，是如何藉由調整微生物群系來增進人類健康。這也帶出一個關鍵議題：從出生到三歲，孩子的微生物群系相當活躍，特別是腸道裡的微生物。日一天一天、一週一週地，抓住任何可以改變的機會。

　　三歲時，孩子的微生物群系大致穩定且在受影響後能再復原，比較接近大人的樣子。所有關鍵的微生物此時已各就各位，在孩子身體所有潮濕和乾燥的部位，找到合適的地點住下。牠們停留在那裡，預防病原體、分解纖維、調節免疫系統、甚至影響心理健康。

　　因此這生命的前三年非常重要。在幼兒生命初期時介入，對健康和疾病防禦有最顯著的效果。和孩子來往的人們，他們所吃的食物、所去的地方和所用的藥物，都能影響他們終身。雖然有些在三歲前發生的事情不在你（或任何人）的掌握之中，但肯定的是，幼兒時期所接觸到的人事物，對他們有一生的影響。

　　這就是為什麼泥土或髒汙這麼好的原因。當你讓孩子接觸無害的細菌時，那些細菌不但不會殖民人體，還會用複雜的特性訓練寶寶的免疫系統。許多人認為，被啟動的免疫系統，將伴隨很多炎症的反應是好的，但事實剛好相反。訓練有素的免疫系統，可以在不需要時減輕炎症，就像訓練有素的運動員一樣，在運動時心跳加

快，但其餘時間使脈搏較低。

微生物可能來自任何奇怪的地方。羅布想起一位朋友曾說：「做媽媽最詭異的地方莫過於，竟然會說出這輩子都沒想過的話，像是『千萬不要把你的手指放進貓咪的那裡。』」

想想我們的演化史。我們演化為狩獵採集者和早期農學家時，那時候的生活滿布泥土、狩獵的動物與野生食物。開始清潔也不過是最近數百年的事。

你的寶寶透過生物運作的程序來到這個世上，也會預期與過去類似的生活條件。你可以透過常識，去彌補在今日環境裡那失落的一角，來幫助孩子成長。這也是本書接下來要告訴你的所有事。

細菌

當我們用「好細菌」和「壞細菌」這兩個詞時，請不要去看字面上的意思。想想黑巧克力，它的好壞取決於吃的量，或是你同時還吃了什麼。細菌如變形器，以一種連續不斷的生活型態存在，而非固定的類型。依據環境條件和特定的基因互動，牠們可好可壞，可促進健康或致死。舉例來說，大腸桿菌（E. coli）在大多數人體腸道裡是無害的，但偶爾會導致腹瀉、尿道炎等問題。大部分染上傷寒細菌的人，不會真的生病。另外一個例子是：在鼻子和喉嚨後方的腦膜炎細菌對許多人是無害的。但是有百分之一或千分之一的機率，可能因為和攜帶者的近距離接觸而被感染。我們甚至發現有些被視為對腸道有益的細菌，在壓力下，便會轉變為壞的細菌，使你的組織感染。

切記，你的身體是設計來將細菌放在對的位置的。就好比牧羊人和羊群之間的關係，免疫系統需要益菌，但這些益菌卻不是在任何情況下都對免疫系統有利。那些「益」菌中有些還是會消耗你的身體。同理可證，在某些時機下，牠們可能會在你有生之年內帶來好處。就像人一樣，同樣的細菌在不同情境下會有不同的表現，可好可壞，這些情境包含壓力、環境和宿主。

懷孕

Chapter 3

Q 1.
我的微生物群系是否會影響受孕？
細菌是否與不孕有關？

　　很多人有這樣的疑惑。試圖受孕的確很難，大家都想知道為何天不從人願。遺憾的是，現今仍缺少能提供確切答案的資料，需要積極研究來一探究竟。

　　這類正在積極研究中的課題包含：為何較不常見的菌種，像是細菌性陰道炎（或簡稱為 BV）在陰道裡生長會與不孕相關，以及牠們是否干預體外受精後的受孕和懷孕初期[1]。

　　細菌性陰道炎是極為普遍的現象，症狀包括帶有魚腥味的白色或灰色陰道分泌物，通常不會癢或灼熱。當你患有活性細菌性陰道炎時，得到性傳染疾病如愛滋病的機率會增加兩倍（如果你的陰道生物群系比較特殊的話，情況可能不同）。細菌性陰道炎被認為與早產相關，也正是傑克實驗室的研究課題，但目前還未發現它和早產有直接的因果關聯。

　　細菌性陰道炎是因為陰道微生物不平衡所造成的，特別是當乳酸桿菌（Lactobacilli）減少時所造成的陰道內環境不平衡，尤其容易發生在洗澡頻繁的人身上。一般來說，當你把自己弄得「過於乾淨」，久了以後可能會出問題。來自醫學的建議是，洗澡的壞處遠大於好處，這些壞處從受孕問題到子宮頸癌都包括在內。

　　一項不孕症的綜合分析指出，細菌性陰道炎和懷孕前幾週胚胎損失呈相關性，研究整理比較二十三篇各別對受孕、胚胎損失或流產機率的研究結果。陰道感染，將導致胚胎無法在子宮壁上著床，

造成不孕。炎症反應（俗稱發炎）可能是一個因素，但是細菌性陰道炎究竟是如何引起發炎的，目前還不是很清楚[2]。不過，如果你被診斷出細菌性陰道炎，而且你正在嘗試受孕的話，通常可以接受抗生素治療。

無論如何，炎症反應和不孕症之間的關聯是眾所皆知的。例如經由性行為傳染的披衣菌（Chlamydia）與不孕有關，特別是那些沒有被治療完全，骨盆腔內還殘留著披衣菌的患者，也會危及新生兒的健康。科學家在實驗室培養皿的披衣菌與人體細胞系（cell lines）裡面，加上某種乳酸桿菌（Lactobacillus crispatus），作為抑制發炎的益生菌。他們發現，如此一來可以避免披衣菌細胞附著於人體細胞上，也就不會造成感染。這說明有些益菌可以用來防止病原感染，預防炎症和不孕症。

在懷孕初期經常流產（胚胎受損）的女人，常被判定為不孕，但真正的肇因，可能是陰道微生物群系和炎症的嚴重程度。希望在未來，我們能找到抑制這類炎症的方法。我們甚至可以預設一種可能：嘗試受孕時，在陰道施用優格加上自然的乳酸桿菌屬（Lactobacillus）或新的益生菌種。根據一項小型相關性研究指出，一個能讓女人受孕的精子帶有大量乳酸桿菌屬的細菌[3]。目前尚無證據說明這是有效的，而且完全不推薦你在性行為時，在陰道或陰莖上塗優格，只是提出這個想法，也許某天能發展成另一種新的治療方式。你一定也希望先看到臨床上的成果，再來實踐吧。

Q 2.
伴侶的微生物群系會影響胎兒嗎？

好問題，但沒有資料可循。原則上答案是肯定的，因為你的微生物群系可以影響你的胎兒，而你和伴侶交換微生物。伴侶交換各種微生物，所以他們在微生物學上看起來很相似，因為他們分享親密關係和空間[4]。倘若只是單純的與辦公室同事分享空間，並不表示你的微生物群系會變得跟同居人或有過肉體交流的兩人（例如你和你的伴侶）那麼相似。（有趣的是，和狗同居的伴侶，比沒有狗的伴侶長相更接近[5]。如果你在考慮養條狗會不會讓你們的關係更加親密，答案是肯定的，至少以你們的微生物群系來說是這樣。）

但整體而言，僅因為交換細菌，不表示所共享的微生物會影響你們的胎兒。顯而易見的，性傳染疾病會影響你的受孕成功與否，甚至導致早產。但是目前還沒有研究顯示：伴侶間共享微生物的情形增加，對胎兒會有正面或負面影響。你可以樂觀的想像，健康的伴侶可能會將某些好的微生物傳給胎兒，但目前沒有證據。那就依偎在一起吧，你會有段無傷大雅的美好時光。

Q 3.
我該在懷孕前看牙醫嗎？

要，去做檢查是個好主意。如果你的口腔不是很健康，你可能會有嘴痛或牙齦流血，一但有傷口，口腔細菌會進入你的血液展開體內循環之旅，進而黏在動脈膜裡，並很容易穿透膜體[6]。這麼一來，有害的病原體都可能會經由血液而入侵體內的循環系統[7]。

細菌一旦進到血液裡，便能進入你身體裡的膜（膜也是胎盤的一部分），而導致絨毛膜羊膜炎（chorioamnionitis）的感染[8]。以往醫生認為，具攻擊性的細菌僅來自於女人的生殖道，但最近的研究發現，牠們也可能來自口腔。這當中有些是無害的，甚至不具有引起疾病的基因，但當病原體在一種混合狀態時，就有可能導致早產和分娩[9]。

目前關於感染的途徑仍是假説，尚未被證實。研究結果發現，在胎盤組織裡找到來自口腔的細菌並不多，分析組織時所檢測到的細菌，可能是來自其他來源的汙染。臨床實驗目前還沒發現，改善孕婦的口腔衛生對減低早產風險的好處[10]，但也許是在孕期間施行檢驗的時間過晚，不代表兩者間一定無關。如果你有慢性口腔疾病，有害的細菌有可能早在你的胎盤發育之前，就已經在你的血液裡循環[11]。

最後提醒你在準備懷孕前，該考慮先去看牙醫以確保口腔健康，你的笑容也會更加迷人喲。

Q 4.
懷孕期間吃基改食品安全嗎？
有機食品比非有機好嗎？

　　幾乎和所有的科學家一樣，我們認為基因改造食品是可以安全食用的。據我們所知，基改食品無法對微生物群系造成好或壞的影響。再者，我們所吃的每種作物或動物，幾乎都和牠原本的野生型態不同。至少現有的證據顯示，在實驗室裡轉基因品種（transgenic strains）的食物，和以傳統繁殖方式生產的食物一樣安全（包含輻射，在 1920 年代被廣泛使用，利用突異來生產新作物）。雖然有些人擔心基改作物會將基因傳給他們的微生物群系，但其實透過基改食物而短暫接觸一棵植物或動物，所獲取到的基因機率幾乎是零。

　　這些食物主要的批評者多來自環境和政治團體，這兩個面向已然超過本書觸及的範圍。這爭論也是十分情緒化的，尤其論及懷孕和生產，人們會期望絕對的安全保證（這當然不可能），但重點不是這個。我們就算可以花一整天、囉嗦的說明基改生物有多安全，人們仍會不斷斥責沒有完整的證據，或是指責我們不在乎其他的證據。這一切都要歸咎於對學術科學的信任基礎不足（加上不夠信任孟山都這樣的大公司）。說到底，你還是只能靠自己做出決定。

　　也有人問，吃有機食物是不是能讓懷孕期間更健康，或是能改善母乳的品質？我們沒有證據說明有機食物將帶來這些好處。史丹佛大學研究員最近做了一項關於有機和傳統農法食物的統合分析[12]。統合分析是一種整合數個不同研究，以化解實驗結果間的不確定性，並發現較強力的證據的統計方法。根據四十年來的研究發

現：標示為有機蔬果所含的營養物，沒有比傳統或較便宜的蔬果更豐富，同時他們受到大腸桿菌等危險的細菌汙染的程度也相同。傳統蔬果的確含有較多農藥殘留物，但總是控制在環境保護署的安全標準以內。

著重於營養價值的研究單位，提出讓母親們（在可以負擔的情況下）選購有機產品的理由。這三項研究指出，曝露在相對較高劑量的農藥（也就是有機磷酸鹽）的孕婦，這些農藥會跟隨著孩子數年，而他們在小學階段的平均智商比其他同學較低一些。（更多相關訊息請參考第 8 章）

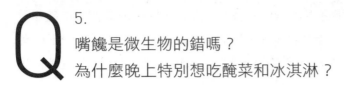

Q 5.
嘴饞是微生物的錯嗎？
為什麼晚上特別想吃醃菜和冰淇淋？

的確是，但我們需要透過更多研究來找出原因。

女性在孕期間，荷爾蒙經歷極大的改變，例如孕酮水平增加十倍，並在分娩後激烈的下降。這雲霄飛車般的驟變，可能造成憂鬱症或你對食物的強烈需求 [13]。

我們目前所知道的是，荷爾蒙水平的改變影響了腸道環境，導致免疫系統改變，繼而改變微生物群系的組成和結構 [14]。這些交互作用的程度不一，卻完全有可能是在孕期間胃口大開的原因。

事實上，我們對「沒懷孕」時微生物群系影響食慾的情形，反而有比較多的了解。當傑克到中國旅行時，他盡情享受在地的食物。奇怪的事發生了，身為巧克力愛好者的他竟然完全不想吃了。這該如何解釋呢？

這麼說好了，比起那些未成癮的人，巧克力愛好者的腸道細菌透過生產代謝物，讓牠們一直很想要吃巧克力棒 [15]。當傑克這樣的巧克力愛好者出國旅行並改變飲食時（以中餐取代肉丸和義大利麵），他的腸道微生物和代謝物就被影響了。此刻，腸道裡嗜吃巧克力的細菌稍事休息，等牠們回到家，開始吃著平日的食物時，那些渴求巧克力的代謝物才會回復，牠們完全是為了配合傑克才這麼彈性的。

更廣泛地來說，有些研究者認為對食物的渴望（特別是糖和脂

肪），與腸道微生物和你自身的健康利益在演化上的衝突有關。假設腸道生物體巧妙地操弄你的免疫、神經和荷爾蒙系統，藉此將環境改變成更有利牠們生長的樣子。因此，一種吃糖能長得特別好的細菌，可能會引發你對含糖食物的渴望。若能獲得穩定的糖攝取量，牠們將能成長並且增生，形成一個正向回饋迴圈——較多的糖等於較多的微生物，等於較多的糖。因此，假如你在懷孕時無法抑制對食物的渴望，不是因為你的意志薄弱，而是因為那些腸道微生物把你拐到冰淇淋店。然而，這樣的論點停留在假說階段，需要做更多研究才能釐清這複雜的互動關係。

Q

6.
我在懷孕時變胖，跟微生物有關係？

有關。微生物和肥胖症密切相關。腸道細菌通常是造成體重增加，或很難瘦下來的原因，牠們能在攝食中提取較多的能量。苗條（或瘦的人）擁有著不同的腸道細菌，這些細菌在攝食中提取較少的能量。（是誰說過人生是公平的？）此外，在過重人群中發現的腸道細菌，實際上可以促進脂肪組織的產生，進而改變體內能量調節的方式。細菌透過身體的免疫系統、內分泌系統（主導了荷爾蒙）和生理時鐘（時間感知）之間複雜的交互作用，才能做到這些[16]。微生物群系在懷孕期間大幅地改變，孕婦在第三個孕期時的微生物群系，與第一孕期有很明顯的差異。神奇的是，當這些微生物群系被移植到無菌小鼠身上時，只有第三孕期的微生物群系讓小鼠發展出胰島素抗性和炎症，這些都是第三孕期常見的症狀，而第一孕期沒有。

懷孕前變得肥胖，或是在孕期間增加過多體重，都有可能增加你和寶寶的風險。例如：九個月之間增加超過 40 磅，與神經發展疾病發病的機會相關，像是自閉症。增加過多體重的孕婦吸收葉酸的能力較差，葉酸是一種重要的維他命 B。葉酸缺乏可能導致出生缺陷，如脊柱裂、無腦畸形和某些心臟缺陷。再者，肥胖的母親所生出的嬰兒體型可能會不正常的大（導致剖腹或難產的機率升高），並且有消化方面的疾病，如過多胰島素和低血糖等。

在今日，十五到四十五歲之間的美國女性之中，有大約三分之二的人過胖。與較瘦的女性相比，肥胖的女人若在懷孕時增加過

多重量，患有妊娠糖尿病、妊娠毒血症等疾病的機率將提高六倍之多。此外，一位母親在孕期間的高脂肪飲食習慣，將會對嬰兒腸道裡的細菌造成長期的影響[17]。研究顯示正常嬰兒的擬桿菌屬（Bacteroides）微生物比高脂肪飲食下的嬰兒更多，這效應持續到六週大時。由於細菌的功能是要分解和從特定碳水化合物中提取能量，特別是那些在母乳中的碳水化合物，當嬰兒無法正常由食物得到能量，他們的免疫系統發展也可能出狀況。

　　最好（但不是最容易）的解決方法，當然是在懷孕前改變你的飲食習慣，將細菌升級成和苗條的人一樣。好消息是，未來可能只要在飲食中添加益生菌就能協助這個過程。壞消息是，這種生物體還沒有被辨識出來。

Q 7.

微生物與妊娠糖尿病是否相關？

有可能。

妊娠糖尿病是指先前沒有糖尿病的婦女，在孕期間被診斷患有糖尿病。糖尿病是一種代謝性疾病，特徵為血糖長期高於標準值，同時常感到口渴、飢餓和頻尿。這是因為胰臟製造的胰島素（一種荷爾蒙，用來吸收血液裡的糖分）不足，或是身體細胞無法適當地對胰島素反應。

妊娠糖尿病對母親與胎兒，以及新生兒的健康都有顯著的影響[18]。患有這種糖尿病的婦女，得到高血壓和尿蛋白（子癇前症），以及日後罹患第二型糖尿病的風險也比較高，也有較高的機率生出巨嬰。這些嬰兒在出生時容易面臨生長異常（長太大或太小）、呼吸窘迫、低血糖等狀況。低血糖會造成嬰兒皮膚呈藍色或蒼白、呼吸問題、過敏、疲倦、肌肉鬆軟下垂、難進食或是嘔吐，還有造成身體溫熱、顫抖、搖晃、流汗或休克等問題。

妊娠糖尿病帶來的高血糖，也可能會影響胎兒大腦發展（導致自閉症），但這現象只在早產兒身上發現。在即將足月生產的妊娠糖尿病患者，和整個懷孕期間都患有第二型糖尿病的母親們，都沒有發現這樣的風險。

一般而言，當血糖升高時，胰島素會製造細胞回應，然後血糖就會降低，這樣的動態平衡機制對健康很重要。

回到微生物的討論。腸道細菌會使纖維發酵來製造對你健康有益的短鏈脂肪酸（SCFAs，這名字有點難記，不過你在閱讀的過程中會慢慢知道它的重要性）。胰島素所製造的細胞可以感測腸道裡短鏈脂肪酸的濃度。而「懷孕」的過程中，卻以我們不完全理解的方法，改變了製造短鏈脂肪酸的腸道細菌的豐富度和種類，並進一步影響胰島素的分泌。

小鼠實驗顯示，如果壓抑那些製造短鏈脂肪酸的細菌，使新陳代謝量減低，動物的胰島素生成細胞就會變少[19]。當小鼠或是人類的胰島素不足時，就會導致糖尿病。

如果能證明對人類也有效，我們需要找到腸道細菌豐富度來增加短鏈脂肪酸的方法。令人驚喜的是，這並不困難。我們知道可以透過餵食益生菌（如 GG 鼠李糖乳酸桿菌）來增加兒童的短鏈脂肪酸（見第 7 章食物過敏）。雖然還需要進一步證實，但對成人來說也是一樣的。

另一個方式是提供養分給短鏈脂肪酸。孕婦應該要多吃纖維，可以加速發酵、生產短鏈脂肪酸。這個領域正在積極進行研究，我們希望很快就能找到治療的方式。但是飲食調整和益生菌，是一個好的開始。

Q 8.
運動是否能影響我的微生物群系？
運動對懷孕有幫助嗎？

　　動物實驗結果建議，增加運動量能改變微生物群系並增加記憶力（如果你是一隻實驗用小鼠的話），但我們不了解其原因。可能是藉由運動，腸道微生物群系重組為喜歡控制發炎的物種，而影響了你的免疫系統。這類微生物也同時生產能影響大腦健康和荷爾蒙系統的化學物。有人注意到運動能減少一些細菌（像是促進炎症反應的腸桿菌科家族（Enterobacteriaceae）和增加其他如抗炎症的瘤胃球菌屬（Ruminococcus）的細菌。但請記得，目前還沒有合適的實驗，在研究運動的抗炎效應與微生物群系的變化有什麼關係。

　　雖然上述的關聯性還未被證實，我們也不知道運動、懷孕是否會影響你的腸道微生物。但小鼠實驗發現一個有趣的事實：被迫運動與自願運動的小鼠，牠們的微生物群系（特別是腸道）發炎程度有所不同[20]。我們還不能了解這是如何運作的，可能是被迫運動者很焦慮，導致引起或未能預防腸道發炎的細菌增加[21]。雖然這只是推測，仍建議你應盡量運動，同時在懷孕期間聽取醫生或助產士的建議。總之，一點運動就能改變你的微生物群系，並減少炎症反應，完全沒有壞處。而且可以趁機出門走走，你一定會喜歡的。

Q 9.
微生物是否會造成早產？

有時候是的，但這情況很複雜。

導致早產的原因很多，從環境中的化學物質、健康狀況到基因問題都有可能。雖然涵蓋範圍很廣，但絕大多數與微生物無關。其中一項例外是細菌性陰道炎。如本章 Q1 提到的，懷孕期間染上細菌性陰道炎的孕婦，較容易導致早產。懷孕滿三十七週以前的任何產兆，包括每十分鐘或更頻繁的子宮收縮，都被視為早產（甚至也有二十七週就出現產兆）。早產兒面臨許多重大的健康問題，包含體重不足一公斤、肺臟發育不全、視覺和聽覺問題，以及罹患腦性麻痺和發展遲緩的可能。

在一些案例中，使用抗生素治療可以對抗細菌性感染來預防早產，由此我們可以判斷，陰道病原體可能與觸發早產有關。

這裡就開始變得很複雜。許多女性經歷過未足月的子宮收縮，不見得會導致早產，但她們和早產的女人一樣有陰道感染。我們不知道原因（雖然知道炎症和病原體進入胎盤的關係非常複雜）。我們知道的是，未足月前開始的子宮收縮很常見，多數的案例都能安然度過。

過早開始分娩和早產的危險因子包含：已有早產經驗、體重過重或過輕、多胞胎（雙胞胎、三胞胎等等）、壓力，及缺乏牙科和產前護理 [22]。醫師們還不知道為什麼這些因素導致分娩流程提早發生，就我們所知許多都與炎症反應增加有關。

細菌也與早產有關[23]。如同在不孕症條目下留意到的，陰道感染能干擾或結束早期的懷孕，但至今還缺乏具感染性的微生物能穿過胎盤感染胎兒的證據，至少對大部分的細菌來說，胎盤是一個無法穿透的屏障。

最近一項研究發現，常見的 B 型鏈球菌（group B streptococcus；GBS）陰道感染，會導致小鼠早產和死胎。在這項結果發表之後，一向被視為無懈可擊、安全無菌的胎盤，暫時受到了挑戰[24]。雖然這些細菌造成母鼠身體和胎盤發炎，但當研究人員仔細觀察時，他們並沒有在胎盤中找到 B 型鏈球菌的跡象。最終，他們發現是寄居於陰道裡的 B 型鏈球菌，穿越胎盤將炎症反應送進子宮裡。

危險的微生物能觸及小鼠胎兒的結果令人驚慌，這樣的現象在人體裡是否成立還不確定，但如果懷孕時感染了 B 型鏈球菌，及時的使用抗生素治療是必須的。不過，通常有四分之一的孕婦體內帶有 B 型鏈球菌，究竟是否該在沒有 B 型鏈球菌感染（asymptomatic GBS infections）而出現症狀前開立抗生素，目前尚無定論。

另一個類似的狀況是無症狀菌尿症（asymptomatic bacteriuria），顧名思義就是有細菌在尿裡，但身體沒有明顯的不適感時，通常還是會給予孕婦抗生素治療，以減少早產的風險。不過漸漸有研究證據指出，尿液裡本身就帶有微生物群系。如果被確認是事實，就應重新評估是否得用抗生素治療。

在討論其他議題之前，我們要先提醒你抗生素的缺點。根據一項近期的小鼠實驗，用來對抗細菌感染的藥物可能會傷害寶寶。實驗中的懷孕動物，被染上一種導致人類肺炎、耳道感染和細菌性腦膜炎的細菌：肺炎鏈球菌（Streptococcus pneumonia），當小鼠使用一種常見的抗生素處方氨苄青黴素（Ampicillin）來治療時，細菌

的細胞壁將會被藥物摧毀爆破。

我們觀察到這些細胞壁的碎片能穿越小鼠胎盤，並進入未成熟的神經元，以我們仍未知的方式干擾它們的增生。出生之後，這些動物會有記憶方面的問題，和認知功能障礙。雖然這是一項動物實驗，但類似的機制，可以成為人類在懷孕期間因細菌感染，而造成兒童自閉症與認知問題風險逐漸增加的研究基礎。

結論是，我們建議孕婦應該和醫生溝通，評估選用抗生素的優缺點，並要求醫生開立那些不會使細菌細胞壁爆裂的抗生素。然而，有些抗生素（例如四環素）可能會有其他的副作用，像是傷害胚胎的牙齒和骨骼發展。總之建議你和醫生討論，妥善衡量風險和效益來做出選擇。

⋯⋯⋯⋯⋯⋯⋯⋯⋯⋯⋯⋯⋯⋯⋯⋯⋯⋯⋯⋯⋯⋯⋯⋯

為了不讓你認定細菌是終結自然產寶寶的殺手，我們得讓你知道，還有其他種微生物能因生物活動而產生化學代謝物，來使你的免疫系統平靜下來並減緩發炎。牠們的名字不重要，重要的是牠們在懷孕期間扮演很重要的角色。

傑克實驗室找到的初步證據認為：未足月前產程開始和早產的婦女，通常體內製造短鏈脂肪酸（SCFAs）的細菌較少，這種化學物質能安定免疫系統。人類腸道中負責讓纖維發酵的那些細菌，也負責製造這類有益健康的化學物質。

假設我們的觀察無誤，增加腸道裡發酵纖維這類細菌的豐富度，就能預防發炎，也能避免早產。

該怎麼做呢？很簡單，吃更多的纖維，特別是全穀類、葉菜類和水

果，接下來就讓腸道製造更多的代謝物，控制炎症反應、增進健康。有太多研究能證實這個論點，多到無法在此列舉。你也可以避免食用結構較簡單的糖和結構複雜的澱粉，這些碳水化合物都會促成炎症反應的細菌增長。

目前還沒有直接的研究，證實這個飲食策略能降低早產風險[25]，但一般建議懷孕期間要吃得健康（至少沒有壞處），對高風險族群來說更是如此。

Q 10.
還有什麼東西可以穿過我的胎盤？

答案有好有壞。胎盤是將胎兒固定於子宮裡的一個複雜、並且我們所知甚少的器官，它為嬰兒帶來養分，同時隔絕任何可能侵略的細菌、真菌、寄生蟲和病毒。

傳統上，胎盤被視為一個無法被細菌和寄生蟲穿透的屏障。它將你與胎兒的無菌環境分隔開來。然而病毒（身為微生物群系的一員）是如此的小，小到可以輕易地穿越。為此我們演化出一套防禦機制，胎盤細胞（滋養層）能感測到病毒並及時求救。胎盤細胞釋放分子，向免疫細胞發出求救訊號、排除病毒感染。這通常是很有效的方法，但有些病毒會促成慢性發炎，觸發滋養層集體自殺。這麼一來，胎兒還是會被病毒攻擊。這與實驗小鼠的類自閉症或許多先天缺陷有關。

許多知名病毒能完勝胎盤的保護機制，包含德國麻疹（風疹）、巨細胞病毒（CMV）、愛滋病和最新又最惡毒的茲卡病毒。

德國麻疹是一種輕微的疾病，病徵是輕微發燒、淋巴結腫大和皮疹。倘若母親在第一孕期（懷孕前三個月）中被感染，寶寶可能會患有包含眼部問題、心臟缺陷、失聰、頭小畸形（microcephaly）、骨骼等多種問題，以及智能障礙和糖尿病等先天缺陷。這些問題都相當嚴重，也是第一劑疫苗在 1969 年被獲准的原因。

巨細胞病毒是一種常見的感染，它能穿越胎盤並感染胎兒。大多數患有先天性巨細胞病毒的嬰兒沒有任何病徵或健康問題，但有

些會發展出聽力或心理協調問題。當孩子出現負面反應時，醫生可以開立抗病毒藥物。目前沒有分類篩檢出 CMV 感染的辦法，也沒有疫苗可以預防。

愛滋病寶寶身上顯現的方式則極為不同。大部分出生於患有愛滋病母親的孩子，意外地不會得到愛滋病病毒感染，但是他們的死亡率比愛滋病病毒呈陰性反應的母親高出兩倍。為什麼？根據一項最新的研究指出，母體的愛滋病病毒潛伏地改變未經感染嬰兒的微生物群系。寶寶因此擁有不同的關鍵細菌品種和豐富度，如普雷沃菌（Prevotella）和假單胞菌屬（Pseudomonas），造成寶寶的腸道發炎，母乳裡也帶有異常的微生物群系。

胎盤也難屏蔽掉某些寄生蟲。最常見的一種是在貓咪糞便裡面的弓形蟲（Toxoplasma gondii）。當孕婦鏟貓糞時若不小心吸入微粒，寄生蟲就循線一路進入胎盤，和病毒一樣，破壞胎盤細胞，並造成他們集體自殺。這樣的後果將引發弓蟲症（toxoplasmosis）而導致胎兒感染、流產、先天型疾病或是後天殘疾。這就是許多孕婦讓伴侶在她九個月孕期中，清理貓沙盤的原因。

最近一種脅迫嬰兒健康的茲卡病毒來自蚊子，它在任何孕期階段穿越胎盤，並造成先天缺陷，尤其是頭異常的小或是頭小畸形。據估計，美國有超過 160 萬名孕婦在未來的幾年內會受到感染。根據已發表的預測分析，有成千上萬的孕婦都有可能受到影響。2016年 8 月在波多黎各和佛羅里達州邁阿密發現的茲卡病毒，正漫延到西半球和亞洲各地。

病毒經由蚊子傳播，最常見的為埃及斑蚊。它能經由性交、唾液和眼淚傳播。茲卡病毒能在精液裡存活數個月，研究員驚奇地發現，在性交過程中，病毒由被感染的女性傳到男性體內。

目前最急需了解的問題是，病毒是如何進入發展中胎兒的大腦裡。可能是和上述其他病毒一樣的機制，使宿主的免疫系統攻擊自己來進行破壞。一項 2016 年 7 月的研究結果表示，茲卡病毒能感染包含巨噬細胞（macrophages）的胎盤細胞。牠可以經由多種途徑來入侵像是通過細小的開口、搭抗體的便車，或是和胎盤的蛋白質結合。這樣牠就可以進入羊水，甚至是胎兒的大腦裡。我們還必須對這可惡的病菌做更多研究。

....

好消息是，也有好東西可以通過胎盤協助胎兒。你的免疫系統，與一群友善的微生物合作，讓寶寶有個好的起點 26。事實上，這同樣也只在小鼠實驗裡發現，但我們有信心推演到人類身上。

當懷孕的小鼠接觸到低劑量的非病原體，或是好的大腸桿菌時（不是那種引發美國某連鎖餐廳食物中毒而聲名狼藉的細菌），幼獸則備有更多的免疫細胞對抗感染，同時引起發炎的免疫細胞也比較少。基本上，他們的免疫系統已經準備好要面對微生物如海嘯般在牠們體內繁殖。一切安排得蠻好的。

但還有個驚喜。細菌不是免疫細胞增生的直接原因。這些細菌與其他製造代謝物的腸道微生物合作，一起穿過母體到胎盤，並且進入母乳裡。在這些代謝物中生長的幼獸，因為有著較高規格的關鍵免疫因子和健康的腸道內壁，因此長得更好。

Q

11.
懷孕期間使用抗生素會影響我的嬰兒嗎？

有可能。

雖然在孕期間使用抗生素經常可以救人一命，也是必要的醫療手段，卻被認為與嬰兒、孩童的代謝和免疫方面疾病相關[27]。這說法是建立在，食用這些藥物會擾亂分娩過程中傳承給寶寶微生物的多樣性和豐富性[28]，這絕不是一件好事。

例如第二或第三孕期間服用抗生素的母親，其孩子七歲時患有肥胖症的風險，將比未服用抗生素的母親高出84％[29]。另一項研究發現，孕婦服用抗生素的天數，與孩子持續喘鳴（氣喘的前兆），或患有其他過敏疾病的風險成正相關[30]。

抗生素改變你孕期間的腸道微生物群系，也可能以另一種方式影響發展中的胎兒[31]。細菌或其生產的化學物，跟著孕婦的血液於體內循環並穿越胎盤。我們還需要進一步研究來證實這假說，但這些化學物質，可能會影響胎兒的發育。令人費解的是，這些改變相當廣泛。例如，在孕期間使用抗生素對微生物群系的破壞，可能會形成血液裡循環裡促炎症標誌物（※1）（pro-inflammatory markers）的增生，增加發炎的反應，對寶寶的發育呈負面影響。與此同時，抗生素干擾，也可能製造出有益的化學物質，如短鏈脂肪酸（SCFAs）或神經傳導物質。問題是我們現在還不知道如何控制這些變化。

---

1. 觀察炎症發生前的生理變化，並作為症狀形成前進行干預的指標。

有件事是肯定的。萬一懷孕時因為感染而病得很嚴重，很可能會對寶寶帶來嚴重傷害，所以一定要請醫生評估風險，千萬不能放棄醫療必須的抗生素。

Q 12.
懷孕時可以服用抗憂鬱劑嗎？
我可以在哺乳期間服用嗎？

美國疾病管制與預防中心（CDC）統計，2013 年有超過 30 萬美國女性生育嬰兒，其中約有 10% 在懷孕期間患有重度憂鬱症。大多數的女性沒有尋求適當的治療，因為她們害怕社會大眾對使用抗憂鬱劑（Antidepressants）負面的觀感，或擔心抗憂鬱劑對胎兒的影響。但迴避治療重度憂鬱症，也會傷害母親和胎兒。不幸的是，關於妊娠憂鬱症和抗憂鬱劑對胎兒、嬰兒的影響，仍缺乏明確的訊息。

給孕婦和哺乳母親的抗憂鬱劑處方，通常是「選擇性血清素再攝取抑制劑」（以下簡稱為 SSRIs）這一類的藥物。你聽過百憂解（Prozac）嗎？百憂解是最早發明的其中一種 SSRIs，通常被用來治療焦慮、強迫症和憂鬱症。我們得先來看看血清素這種神經遞質如何在大腦裡運作，才能了解 SSRIs 的運作方式。

神經元利用血清素這樣的神經遞質收發訊號。神經元之間的訊號傳遞並不直接相連，而是經由神經突觸（synapse），讓訊息在一個神經元和另一個神經元之間的微小縫隙（cleft，後文中稱為「間隙」）間流動。當電子訊號流經軸突（axon；神經元的主要本體纜線）到前神經結軸突尾端（pre-synaptic terminal）時，神經遞質產生並形成突觸小泡（vesicles），然後啟動訊號傳導。血清素（在這個例子中）因充電作用被釋放到神經間隙中，迅速移動到間隙對面的後神經結細胞，並與血清素受體結合，這些分子像是鑰匙與鑰匙孔配對般的吻合，那些接收訊號的細胞，接著產生自己的電荷。

讓我們回頭來討論神經元的間隙，說明間隙中的物質何時會被清空。任何剩餘的血清素，都會被酶破壞，或是被運送回到前神經結細胞，這過程被稱之為「再攝取」。但假設你想要使這過程變慢，想要讓更多的血清素抵達後神經結細胞，使訊號流動。這是百憂解的運作方式，它阻斷血清素的再攝取過程，並減少後神經結受體的數量。這抑制作用減輕了憂鬱症的症狀。另外相關的因素，像是免疫系統對刺激物的反應的改變，和增加另一個重要的分子：腦源性神經營養因子（BDNF）。

那微生物呢？因為血清素、腦源性神經營養因子和免疫途徑，藉由交換腸道環境和選擇不同物種等方式互動，所以我們可以合理推斷這些抗憂鬱劑會改變你的微生物群系。再者，SSRIs 具有抗微生物的活性，並與第二型糖尿病等新陳代謝失調的發展有關。

我們知道腸道細菌製造血清素的先質 5- 羥色胺被擾亂時，可能會導致心理疾病。我們正開始研究 SSRIs 是否改變微生物群系，以及這些改變的潛在後果。我們所知道的是，SSRIs 的副作用，通常與微生物群系失序有關。

關於抗憂鬱劑在懷孕及產後對孕婦、胎兒帶來的影響，我們真的知道得太少 [32]。憂鬱症和治療憂鬱症的藥物可能會對發展中的胎兒造成負面影響，包括生理和心理疾病與早產。

萬一你很憂鬱，你該在孕期間和產後服用抗憂鬱劑嗎？我建議，你需要跟你的醫療專業人員討論。有太多因素影響服藥與否的風險和好處，包括你個人的病史。在懷孕時，抗憂鬱劑的確會微幅增加某些風險，包括天生缺陷、流產、早產和其他新生兒併發症。但若不接受治療，你可能會發展出更嚴重的心理疾病，甚至會擾亂照顧寶寶的能力。另一方面，懷孕期間未治療的憂鬱症，會直接影響

胎兒造成寶寶睡眠較不規律、容易急躁和倦怠、體重過輕、學習緩慢、缺乏情緒反應，並可能出現一些行為問題，像是攻擊行為。再次建議你去找醫生商談。除非有相當明確不該用藥的原因，否則藥物一般來說會是最佳選擇。

當然還有其他可以減緩憂鬱症病徵的方式，包括運動、飲食、冥想和諮商。這些都值得嘗試。而且我們還有初步的證據（在之後的章節會說明）益生菌可以協助治療憂鬱症。從傑克實驗室進行中的研究顯示，有些細菌能大幅地緩和動物憂鬱行為。我們希望盡針對這些複雜疾病的治療策略進行研究。

最重要的是，你要好好照顧自己。在寶寶出生之後，你絕對要考慮服用抗憂鬱劑。已知的副作用都不會比這心理疾病為你和家人所帶來的影響更巨大。在即將要承擔照顧一個最脆弱的寶寶時，抗憂鬱藥劑將有助於改善兩個人的生活。

生產

Chapter 4

Q

13.
我應該在家裡還是在醫院分娩？

這得看你的情況才能評估。

傑克的大兒子狄倫，因為健康狀況比較「複雜」選擇在醫院出生。當他們計畫第二個孩子——海登的出生方式時，傑克和他的妻子凱特選擇在家生產。當時，英國國民保健署提供訓練有素的助產士和醫療專業人員，鼓吹在家生產。在家生老二的經驗很棒：凱特在 30 分之內就躺在自己的床上，以母乳親餵一位健康的小男嬰，同時啜飲著她最愛（當然是去咖啡因的那種）的英式早餐茶。

有些研究顯示，在家進行低度風險的生產，引起併發症的機率低於醫院[1]。在美國醫院出生的嬰兒有將近三分之一是剖腹產出，因為現代產科習於預警式的醫療介入[2]。一項由北美助產士聯盟所做的研究表示，17,000 名在家生產的案例中，僅有 5.2％需要後送醫院進行剖腹手術[3]，其他嬰兒都在家裡安全且舒適的出生。會選擇雇用助產士的孕婦，通常是自行判斷較健康的群體。根據助產士和她們的擁護者表示，在家比較容易生出（微生物學觀點）健康的嬰兒，另外兩組加拿大的研究也有同樣發現[4]。但另一個研究顯示，在家或在醫院生產，感染的機率沒有顯著差異。雖然在家生產的感染機率還是比醫院的稍低一些，但差異仍不顯著[5]。

另一方面，美國婦產科期刊所發表的一項研究結果，斷言不論任何原因，在家生產都比在醫院生產的死亡率要高[6]。其中最強力的數據來自 2012 年美國奧勒岡州的資料，顯示那一年計畫在家並有

助產士協助生產的死亡率，比在醫院生產足足高了七倍，研究員更提到，其他研究結果也發現，在家比在醫院生產圍產期死亡率（perinatal death rate）至少高出三倍。

我們的具體建議是，生產時必須要有經過認證的護理助產士（CNM）從旁監督，他們非常專業（在英國和加拿大是這樣的），而不是找專業助產士（CPM），因為專業助產士只需要高中文憑，並且僅受過非常基本的訓練。我們建議，倘若你正考慮在家生產與否，請確保你所雇用的是一位合格護理助產士。

總結這些證據，都還不能確定在家或醫院生產哪個比較妤。如果你的生產風險很低，會比較適合在家生產，因為能減少剖腹產的機率、增加接觸有益的微生物機會。然而，如果你被歸類於高風險生產群，醫院環境裡所提供附加支援系統，在關鍵時才能救你一命。

Q 14.
聽說剖腹產對寶寶不好，為什麼？

首先，我們想讓你知道剖腹產沒那麼糟，事實上還能救你和寶寶的命。在發展中國家，缺乏剖腹產選擇是一個很嚴重的醫療問題。如果胎盤有問題或陰道分娩可能大量流血時，醫生一定會建議進行剖腹手術。如果你患有愛滋病或生殖器疱疹等，你也一定希望避免寶寶在生產過程中被感染。陰道生產對身體造成極大的壓力，因此若你患有任何慢性疾病，醫生都有可能會建議剖腹。

在分娩和出生過程，各種複雜的突發狀況都可能發生。你的寶寶有可能太大無法通過產道，或是轉到臀位、橫向姿勢。也許分娩的歷程太慢，或是停在不該停的階段。胎兒面臨這些折磨時，心跳會變慢，也有缺氧的危機。你的臍帶可能斷裂或被擠壓，使寶寶面臨危險。提到這些是希望當你需要選擇剖腹產時，不用覺得充滿罪惡感。我們都不希望意外發生。

然而，剖腹產的施行率通常比實際需求還高。在巴西的私人醫院裡，有超過八成的嬰兒是經由剖腹產出生的。在美國，也有三分之一的嬰兒透過剖腹出生。除了上述的醫療需求，可能是為了排程上的方便性，或害怕分娩的疼痛而選擇這個生產方式，大多數醫生都會尊重個人選擇。

剖腹產可能帶來意外，因此必須更仔細的檢視它。據我們所知，寶寶就是在分娩過程中，第一次接觸微生物。陰道生產授予新生兒關鍵微生物，並對健康帶來長遠影響。有些證據顯示，細菌能停留

在健康的胎盤裡，但究竟如何還在爭論中[7]。目前我們對胎盤並非無菌的觀點表示懷疑，因為那些支持胎盤有菌的研究，可能是在實驗過程中產生的細菌，或胎盤本身的細菌 DNA（去氧核糖核酸）。研究經常發現，胎盤裡有母親血液的細菌，但是目前還沒有證據證實「由血液製造的微生物會侵犯胎盤」。反之，我們知道若羊水被細菌感染，將會導致早產。

所有的可能性都指向胎兒基本上不帶有任何細菌（直至分娩過程開始），在這時間點之後，陰道生產和剖腹生產就有所差異。

在陰道分娩的過程中，寶寶為了要通過產道被擠壓數小時，這對母嬰來說都是趟艱苦的旅程，但這是極度重要的演化目的。在來到外面世界的路途中，新生兒還附著於你的胎盤，此時他被陰道微生物和一些些糞便裡的物質包覆（每個女人都知道這是真的，很噁心，卻不見得不好）。這些以乳酸桿菌屬為主的首批生物，進入寶寶的嘴、鼻腔和消化道，依循自然法則所設計的那樣，為他們的微生物群系鋪路。

經由剖腹產出生的嬰兒，則用不同的方式接觸微生物[8]。一旦透過手術從你的胎盤移出，他們便從身邊的人和環境接觸到微生物，包括父母、醫生、護士與其他在產房裡的人，從牆上、頭頂上的掛燈和家具。這些微生物通常來自皮膚，也通常是無害的，但卻不是快速發展的嬰兒免疫系統所期待、必須遇見的那種。嬰兒期待來自你陰道的，而不是來自環境及皮膚上的微生物。

大部分剖腹產的嬰兒都安然無恙，這並非降臨在無助嬰兒身上的當代醫學詛咒。但你可能要擔心剖腹產的安全性，因為越來越多的報告指出寶寶的第一個微生物群系，與增加中的疾病風險相關。這些疾病包含氣喘、過敏、異位性皮膚炎、肥胖症、糖尿病、乳糜

瀉（celiac）、腸躁症、甚至是自閉症。

在引言裡我們曾提過羅布的故事，我們不斷地在探索是否能藉由擦拭母親陰道的微生物，來改變嬰兒在剖腹產後的微生物群系。這技術被稱為「陰道播種」，做起來很簡單[9]。你可以請你的伴侶（或任何待在產房的人），在嬰兒出生前將消毒過的化妝棉片、棉條放入陰道，如果時間充裕，將其留在陰道裡一小時，這樣棉花會吸收陰道分泌物和相關的微生物。在醫療團隊檢查嬰兒後，用收集到的液體擦在他的口鼻臉耳、皮膚和會陰，你就能補償現代產科學所奪走的微生物。

反對這做法的批評者警告，陰道裡的病原體會感染寶寶，但我們相信風險非常低，因為美國幾乎所有女人都做了產前病原體測試，一但被檢驗出帶有病原體，幾乎都建議得進行剖腹產。當然如果被檢測出帶有病原體的「陽性反應」，就不應該做陰道播種。然而若是「陰性反應」，這麼做並不會有大於陰道產的感染風險。我們也必須要提醒你，美國小兒科學會建議在更多的研究證實前，不要使用陰道播種。

目前的證據顯示，我們能將剖腹產寶寶的微生物群系，變得跟從陰道產出一個月後的嬰兒狀態相似，但樣本數還沒大到足夠了解這樣的保護機制能持續多久。最近一項研究發現，經由剖腹產、被施打抗生素，再加上配方奶的三重做法，使嬰兒在第一年發育較慢，且微生物多樣性較低。這些短期變化是否會對孩子的免疫功能、新陳代謝帶來終身影響，還有待商榷。

任何有關微生物群系的研究結果都很複雜。舉例來說，進行陰道播種的研究人員發現，在出生後第一週，剖腹產寶寶的微生物群系比起陰道產的嬰兒們，生物多樣性較顯著地高，這被認為是件好

事，但從滿月到兩歲左右不斷下降。他們的微生物多樣性，沒有依照尋常的路徑成熟，而是停滯不前。出生方式的改變，干擾著生物多樣性與自然的交互作用。

最近幾個追蹤剖腹產寶寶五年的調查研究，發現互有矛盾[10]。一項在蘇格蘭進行的研究發現，剖腹產長期來看對健康沒什麼影響；但是，另一項哈佛大學的研究則發現，剖腹產的嬰兒比他們陰道產的手足，罹患肥胖症的機率高出 64％。

因為有些需要長期觀察才能知道的後果，目前無法做出最後結論。但我們認為，在可以選擇的情況下，避免剖腹產會是一個審慎的決定。

15.

胎兒皮脂對寶寶有什麼影響？

有，但不需要擔心。

在 1940 年代，胎兒皮脂（覆蓋新生兒的白色粘稠物質）已被認定是新生兒通過產道的防護罩，這種蠟質且光滑的物質做為潤膚膏、抗感染、抗氧化劑、防水，還能做為傷口癒合的材料，它同時也是一個充滿酵素的防禦系統，能打擊有害的細菌。

儘管有這麼好的防護效果，胎兒皮脂還是被例行性刮除，可能是因為看起來很噁心，也不被認為很重要吧。出生後被清洗或沐浴的寶寶沒有因此提高感染機率，所以對人體健康的重要性似乎不那麼明顯[11]。但泡溫水澡的寶寶似乎比用毛巾擦拭的還要冷靜，比較不易被清洗而哭泣。有些研究員認為胎兒皮脂可以被當作一種自然的替代成分，用來製作局部外用抗菌軟膏[12]。

Q 16.
微生物群系與壞死性小腸結腸炎有關嗎？

有關。但微生物群系是不是導致壞死性小腸結腸炎（Necrotizing enterocolitis，以下簡稱 NEC）的主因還不明確。

NEC 是一種發生在嬰兒身上的危險疾病（特別是早產兒），基本病徵為嬰兒腸道感染，並由內部開始腐爛壞死。用於照護患有 NEC 早產嬰兒的費用大約為 20 萬美元。好在母乳似乎可以預防 NEC，縮短住院時間並減少照料花費。

由於母乳對塑造發展中的嬰兒腸道有顯著影響，我們認為微生物群系可能與 NEC 有關。在華盛頓大學聖路易分校菲力塔爾（Phillip Tarr）的實驗室裡進行了一項規模極大的嬰兒微生物群系研究計畫，其中一項最新的實驗向 166 位嬰兒的 3586 份糞便取樣，顯示寶寶的微生物群系在 NEC 發展之前，就已經改變，甚至可以預測疾病的發生[13]。那些特別具有需氧性且能快速成長的微生物，例如加瑪變形菌綱（Gammaproteobacteria）在 NEC 生成之前增生，而厭氧的微生物類，如梭菌屬（Clostridium）則被削減[14]。越是不足月出生的嬰兒，越能看出這個趨勢[15]。

因為這些早產兒的免疫系統尚未發育完整，給予極度早產的嬰兒施用活菌有相當的風險，但在數個研究中，我們還是看到許多施用益生菌減少 NEC 發生的機率[16]。這些試驗將疾病發生率減低一半。

無論如何，你要知道益生菌可能會進入新生兒的血液循環裡，並

在裡面恣意增生，造成許多問題。所以益生菌必須透過醫囑謹慎使用。說到底，益生菌造成的危害，還是遠低於 NEC 帶來小腸衰敗的風險，因此我們期待益生菌和特定的抗生素能減低疾病帶來的傷害。

Q 17.
出生順序會影響微生物群系嗎？

會唷。哥哥姊姊能保護弟弟妹妹。

取樣自 606 位健康新生兒的研究顯示，哥哥姊姊的總數對新生兒微生物群系的組成、結構有顯著影響[17]。家中有哥哥或姊姊的孩子，在五週大白益菌（像是乳桿菌屬和擬桿菌屬細菌）定居體內的機率較高，壞菌（像是梭菌屬細菌）定居機率較低。在五週大左右被梭菌屬細菌定居的孩子，之後六個月之間罹患異位性皮膚炎的機會較高，這樣的差異持續至少長達三十一週。家中年長的孩子不僅能協助嬰兒益菌進駐，還能使這樣的優勢持續好一段時日。

從孩子早期的生命經驗發現，許多保護他們的能力直接來自哥哥或姊姊，所以哥哥姊姊當然是越多越好。在大家庭裡，年長的孩童常將髒髒的手指塞進寶寶嘴裡，對著寶寶的米麥片粥打噴嚏，或把髒東西搓進手裡。更重要的是，他們接觸多種來自年長手足從學校帶回來的疾病和微生物。這些來源都影響幼童的免疫系統並構成微生物群系[18]。

好消息是：年長手足所傳播的高度多樣性微生物，可能是弟弟妹妹較不易過敏的原因。

Q

18.
男孩和女孩是否會依據出生時遇到的微生物，
而有不同的微生物群系？

不會。如同大部分的狀況，生理性別所帶來的差異微乎其微。

在出生時，男孩跟女孩的微生物群系沒有不同。在生命之始幾乎沒有任何微生物，但很快地由周遭環境取得細菌。對新生兒而言，最初的細菌取決於出生方式（如果由產道出生，會得到多數的陰道細菌；若是剖腹產出而沒有經過產道，則是得到環境中皮膚的細菌）。無論如何，寶寶很快地從身邊的人和環境裡得到額外的細菌，包含母乳、肌膚接觸和家裡的灰塵等來源。

我們再解釋一下微生物群系（microbiome）和微生物相（microbiota）的差異。腸道微生物相是指那幾兆條住在腸子裡的微生物。隨著你變老、和外界接觸而變得相當多樣化。腸道微生物群系指的則是所有微生物和牠們的基因，這個集合執行影響你健康的功能。

研究顯示我們人類共享一個具功能性核心的微生物群系，但核心微生物相不同[19]。換句話說，我們的微生物，那些細菌本身通常是截然不同的。但微生物用來維持我們生命運作的代謝途徑卻很類似。綜觀微生物世界裡所發現的許多基因，像履行例行性的家務一般，修築細胞壁、增生、倒垃圾。每個微生物都有牠們各自的特徵和角色，但每個都依循著相似的基因途徑來操持家務。

我們的微生物和牠們的基因可以與雨林生態相比擬。當我們從空中俯瞰，每個雨林都很像，但其實都是由不同物種獨立演化發展

而來。你的腸道也是，群系裡的成員分享功能相似的生態位，並能取代彼此、具功能重複性（functional redundancy）。在這方面我們尚未觀察到男女之間的生理性別差異。

　　兩個成人之間的生物多樣性沒有什麼不同（好比雨林系統，兩座雨林之間也看不出差異），但兩個成人間的微生物多樣性卻有許多不同（就好像雨林系統裡面的樹種和植物，都很不同）。然而，這多樣性跟你的生理性別沒有什麼關係。「人類微生物群系研究計畫」經五年的努力，於 2012 年拼湊出健康人類的微生物組成。漸漸釐清「每個健康個體的腸道、皮膚和陰道的微生物十分不同」的圖像 [20]。

　　唯一的例外發生在尿道，男人和女人有著不同的微生物群系 [21]。此微生物相的相異性，在尿液和尿道檢體都觀察得到。（因為檢體蒐集會造成極大的不適感，使得執行相當困難。羅布實驗室裡一項早期的微生物群系研究，原本是設計要在不同時間點上，重覆搜集女人的陰道檢體和男人的尿道檢體，最後因為男性受試者無法忍受採樣時的不適，更無法接受要多次被取樣而中止。即便如此，他們還是成功地在一大清早，在能用上棉花棒的地方，取得其他 27 個部位的檢體。）

　　我們發現在患有細菌性陰道炎的女性陰道中，與其男性性伴侶尿道裡的細菌十分相似。細菌性陰道炎，是由於細菌失去正常平衡而發生的疾病。另一方面，在健康的異性戀的伴侶中，男性尿道和女性陰道中的細菌不同。不過沒有實驗直接做尿道和尿道之間的比較。女性樣本裡的放線菌門細菌（Actinobacteria）和擬桿菌門細菌（Bacteroidetes）在男性體內均無樣本可採。這樣的差異是從何時開始更是不得而知，其中一部分原因，是基於道德原則，不得

從小孩的生殖器官採樣。

　　位於加州大學聖地牙哥分校，羅布的實驗室所進行的「美國腸道研究計畫」（American Gut Project），在觀察數千人之後，慢慢開始發現男性與女性的微生物群系間的微小差異。例如，食用相同分量的飽和脂肪後，女人腸道中的副擬桿菌（Parabacteroides）增加，而男人腸道中的理研菌（Alistipes）則減少。這樣的差異代表什麼，還不清楚，但我們確實觀察到差異的存在。

Q 19.
來自爸爸媽媽的微生物有什麼不同？

又是一個沒有資料可供參考的好問題。

在分娩過程中，媽媽給了寶寶第一個微生物。然後經由母乳哺育，將更多的微生物傳給孩子。我們知道同居生活、分享環境的經驗，對微生物群系的組成來說比血緣關係還要關鍵。親生父母也好，養父母也罷，寶寶的微生物群系會跟共同生活的成人最相似。這些親子互動對孩子的微生物群系影響深遠。但令人驚訝地，竟然沒有人研究過父親對孩子微生物群系的發展為何。所以也沒有任何資料可以比較爸爸和媽媽帶來的影響差異，更別說是其他情境了。假設一個寶寶，經代理孕母陰道產出（然後被領養），再加上乳母和生母不同人的狀況，寶寶會得到誰的微生物群系呢？我們還真不知道。

父親當然對孩子有所影響。當傑克的兒子出生時，他已準備好要和寶寶建立親密關係。他脫下上衣將兩個寶寶擁入懷中。在家出生的海登馬上就被擁抱。而狄倫，因為胎便而進行預防性的醫療干預，大約在出生後 10 分鐘才被爸爸抱到。兩個孩子都在生命早期階段就接收父親的皮膚和口腔細菌。

這樣做能影響他們的微生物組成嗎？我們不知道。大部分人體的細菌十分相似，所以我們無法單就孩子皮膚上的微生物，推斷這些細菌究竟來自傑克或他的妻子。要找到解答的話，我們必須深究每個細菌的基因組，並且核對父母親細菌種類的每個基因組。

我們假設父親是唯一或主要的照顧者，他們的細菌會是孩子微生物群系的主要成分，同理可推到單親母親身上。但是當父親和母親一同養育孩子時（還有狗的話），每個人都會共享家中環境裡的細菌[22]。

母乳哺育 ─────

Chapter 5

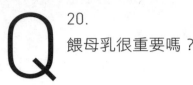

Q
20.
餵母乳很重要嗎？

　　你應該聽過「母乳最好」。很多研究的確發現母乳嬰兒比非母乳嬰兒來的健康，耳朵較少發炎、比較不會感冒或拉肚子。母乳嬰兒的免疫系統比較強健，智商指數較高，罹患肥胖症的機率較低。餵母奶對媽媽也有好處，像是比較快瘦回來，和釋放催產素（oxytocin），能建立母嬰之間的親密連結，並降低某些癌症風險。

　　以上這些研究還得考慮諸多變項，所以無法定論。就算妳無法親餵也別急著自責，目前在白俄羅斯和俄羅斯，長期追蹤嬰兒發展的大型隨機抽樣研究顯示，在孩童六歲時母乳或瓶餵幾乎沒有區別[1]。值得留意的是，在嬰兒期餵母乳的嬰兒，的確比較不會感冒，或生其他的病。

Q 21. 是什麼讓母乳如此特別？

你可能會讓很驚訝，因為母乳的主要成分不是用來餵寶寶，而是設計來餵食寶寶腸道裡的微生物。母乳其實是「細菌的食物」[2]。（在其他回覆中也會提到，但這題會談到比較多實用的細節。）

所有哺乳類均產奶，但不是每一種都像人奶一樣營養豐富。人奶跟其他動物奶最大的不同，在於人奶裡有結構較複雜的「寡糖」（人乳寡糖簡稱 HMOs），營養價值極高。牛、山羊、綿羊和豬的奶裡，寡糖濃度是人奶的百分之一到千分之一。母親最早分泌的濃郁乳汁：初乳，裡面都是人乳寡糖，沒有任何哺乳類動物所產的奶，能和人奶裡高單位且結構多元的寡糖量相比。

到目前為止，我們已能辨識出超過兩百種類型的人乳寡糖。人奶裡最豐富的主成分依序如下：乳糖、脂肪、人乳寡糖。意外的是：寶寶根本無法消化人乳寡糖。

喝了母奶的寶寶，小腸和結腸裡的細菌開始吃人乳寡糖。乳汁就像是益生菌，促進並協助益菌在孩子的腸道裡生長（當寶寶改吃固體食物時，就無法在他們的糞便檢體裡找到人乳寡糖了）。

一種名為嬰兒長雙歧桿菌（Bifidobacterium longum infantis 又簡稱為嬰兒雙歧桿菌 B. infantis; 俗稱比菲德氏菌）的細菌特別適合消化乳汁裡的脂肪、糖和蛋白質。這種細菌靠吃人乳寡糖生長，因此研究員認為，母乳是為了滋養這類微生物演化而成的[3]。牠們支配著母乳嬰兒的腸道，並且為寶寶的健康瘋狂工作著。

嬰兒雙歧桿菌消化人乳寡糖時，同時釋放重要的代謝物——短鏈脂肪酸（SCFAs），寶寶腸壁上有些細胞以此為食。那些被稱做「調節 T 細胞」（T regulatory cells），簡稱為 T 細胞（Tregs），藉由控制和管理炎症反應調節嬰兒免疫系統，這是發動孩子健康機制的引擎，而母乳像是牠的機油。

　　故事還沒完。嬰兒雙歧桿菌製造許多種化學物質和養分，協助幼兒免疫系統發展。例如，增加嬰兒腸細胞裡的黏著蛋白，避免其他微生物滲入寶寶血液循環中。嬰兒雙歧桿菌食用人乳寡糖時，會釋放唾液酸到腸道與血流裡，提供大腦和認知發展所需的養分。人類乳汁裡絕無僅有的寡糖，可能對大腦發展有很深遠的影響，缺乏這種複雜結構寡糖的其他動物，就沒有人類般的大腦。這麼說來，人類大腦還得謝謝腸道裡的細菌。

　　嬰兒雙歧桿菌從何而來？你的身體以某種我們不清楚的方式，徵召這些細菌進入乳腺管，使牠們在人乳裡建群定居。事實上，人奶並非無菌，甚至有其他證據顯示，嬰兒雙歧桿菌不是人乳裡唯一的微生物族群。人奶很可能就是一種益生菌，提供了所有適當的養分。更多的研究，將會進一步釐清這些實驗的發現。

　　人乳寡糖還有另一個偉大的功能，牠們偽裝成誘餌來對抗病原體。病毒和細菌侵犯寶寶腸道時，人乳寡糖能阻止牠們貼到黏膜表面。

　　母乳裡嬰兒雙歧菌所製造的唾液酸還能協助嬰兒發育。在非洲國家馬拉威，儘管寶寶在嬰兒期是喝母奶的，五歲以下的幼童將近一半都發育不良。相較於對照組，類似家庭和背景的母乳寶寶正常發育，因此推斷母乳非唯一影響嬰兒發展的原因。研究員搜集母乳樣本，比較那些發育不良和正常的寶寶[4]。健康寶寶母親的乳汁樣

本裡有較豐富唾液酸的糖含量，一種協助嬰兒大腦快速發展的化合物。

　　既然已知腸道微生物是正常成長發育的重要媒介，科學家更進一步藉由動物實驗，探索飲食與微生物之間的關係。首先，科學家從營養不良的嬰兒糞便裡，取出細菌給小鼠或小豬吃。然後再餵牠們吃典型的馬拉威食物，像是玉米、豆類、蔬菜和水果。這個實驗模組讓科學家們發現，這些動物的腸道微生物，與營養不良的馬拉威嬰兒（從母乳轉換到固體食物的階段）的腸道微生物相似，也就是孩子無法單靠這些食物的養分正常發育。

　　接著，研究員從牛奶分離出唾液酸。然後把唾液酸加入養分不充足的膳食中，這麼一來實驗動物們便開始茁壯。牠們的體重增加、長出較大的骨頭，肝臟、肌肉以及大腦的代謝情況也有所改變，這些現象都表示吃了添加唾液酸的食物之後，提升了取得養分的能力。同時這些改變必須完全依賴腸道微生物。

　　科學家在培養皿裡，將捐贈者的腸道微生物分離出來做研究，分析出與唾液酸化糖有關的菌種。有一菌種以糖為食，而另一種則以糖的消化產物為食。也就是說，整個微生物工廠都靠唾液酸在生長。研究員正在積極進行研究，剖析這些微生物生長的細節。

Q

22.
如果我不能親餵母乳呢？

我們常被問到母乳和配方奶有什麼不同。母乳比較好是因為成分好，還是因為配方奶裡面有什麼不好或不足的？就算寶寶沒吃飽，還是得避免配方奶嗎？一點點母乳就足以讓寶寶贏在起跑點嗎？

在羅布和阿曼達的女兒出生後，這問題從抽象理論，轉變成極為重要的應用問題。

剛出生一週的寶寶一直哭，而且不想要喝奶，照顧起來非常不順利。他們只好拖著疲憊身心，向泌乳專家求助。這位專家用了一個很精密的秤，比較寶寶喝過母乳之前和之後的重量，發現她只吃進了幾公克。因此她盡可能溫柔地告訴阿曼達：「妳的寶寶一直在哭，因為她肚子很餓，妳產的奶量不夠。」在這之後，哭的人不只有寶寶。對新手媽媽來說，再也沒有比寶寶肚子餓還糟的事了。

羅布和阿曼達開始搜尋科學文獻，希望能找到對寶寶最好的辦法。推廣母乳哺育、說母乳很好的研究很容易找到。但是萬一奶量不夠呢？許多研究都顯示早期的營養不良對寶寶很不好，會導致各式各樣的健康問題，甚至是認知問題。從嬰兒期就沒吃飽的寶寶，可能會變得又病又笨，也面臨較高的心臟病風險，之後更難維持一份工作（推測是認知能力較差）。

著急的兩人把能找的相關專業人士都問了一遍，但是陪產員（Doula）、泌乳顧問、護士、精神科醫生和其他專家，終究都沒能

幫阿曼達增加乳量。什麼才是讓寶寶吃飽的 B 計畫呢？他們該添加配方奶給寶寶嗎？嬰兒奶粉會造成不好的後果嗎？添加配方奶能達到母乳的效果嗎？他們該從乳母那裡找一些奶嗎？

既然都想到乳母了，何不試試人乳銀行，迎著尖峰時間的大塞車，他們去丹佛買殺菌過的奶，毅然決然地來回開了 60 英里（97 公里）的車。他們驕傲地帶回數瓶每瓶容量為 4 盎司（118 毫升）的奶，一下就被女兒唏哩呼嚕地喝光。開心地打了嗝後，就睡著了。幾天後他們又去一趟，再一趟。寶寶總算可以得到渴望已久的養分，食量大增，造成每週必須花費將近 1000 美元購買人奶。但很明顯地，這無限攀升的成本，根本無法持續負擔。

他們開始反思：有證據說明殺菌過的人奶有益健康嗎？巴斯德氏滅菌法以加熱奶來消滅危險的細菌。但就連母乳裡的好東西如益菌、有益的化學物質和抗體也被殺光了。再者，雖然有很多證據說，母乳寶寶在很多方面比配方奶寶寶健康，但沒人知道被殺菌過的母乳是否同樣有效。據我們所知，人乳銀行沒有比對捐乳者和接受者的寶寶年齡。乳母的孩子可能比購買者的孩子年長或年幼，也會造成母乳成分差異。遺憾地是，目前沒有研究直接拿一般母乳、殺菌過的母乳和配方奶這三種來比較，面對哺育問題，父母也只能找出適合自己的方法。

在權衡許多已知和未知之後，羅布和阿曼達決定要採取另一個不同的做法：他們不再去人奶銀行買奶，而是給女兒未消菌、助微生物生長的母乳，阿曼達能擠出多少就給多少，同時加上配方奶滿足女兒的胃口。省下來的錢，雇用一位夜間護士，這樣一來他們兩個時不時能好好睡一覺。研究顯示睡眠能增加泌乳量，也能減低產後憂鬱症症狀。他們得到的啟示是，若想照顧到寶寶微生物群系的

某個面向時，時間和資源該優先運用來解決較關鍵的問題，畢竟，沒有人可以同時顧及所有面向的。

所以萬一無法哺乳的話，請別太擔心：母乳與今日在市面上的一些高級配方奶不會差異太大。雖然孩子可能因此而無法得到母親的益生菌或抗體，但肯定會因為能吃飽，全家都過得比較好。

Q 23. 配方奶安全嗎？

是的，配方奶很安全。但仍不能完美地取代母乳。

新手媽媽選擇配方奶可能有許多原因。有些人無法生產足夠的乳汁、覺得親餵超痛，或不斷地被感染（乳腺炎）。有些則因為工作使得頻繁親餵相當困難，有些人希望配偶或伴侶在夜間協助餵食，但又不想用集乳器儲存母乳以備不時之需。還有一些人需要吃藥，這些藥若是流入乳汁可能會傷害寶寶。總之，不是每個人都適合餵母奶。

幾十年來，嬰兒配方奶的主成分幾乎全是牛奶，因為牛奶最容易取得。然而，牛奶的營養成分和人奶之間的比例並不相同。主要營養素（蛋白質、脂肪和碳水化合物）和微量營養素（維他命、礦物質等），為提供不同物種（像是哺乳類和微生物等）特殊的營養需求和生長形式，而有所不同。再者，小孩可能無法消化牛奶裡的一些蛋白質。因此除了嬰兒配方奶裡的主要營養素，額外添加一定比例的微量營養素，還將蛋白質水解（在較「溫和」配方裡將蛋白質分解成小塊），以減少消化困難和過敏風險。

如同在前面章節提到的，最近針對母乳做的研究發現了一種神奇成分：人乳寡糖（HMOs）[5]。一種被寶寶腸道微生物當作食物的結構複雜的糖。這些人乳寡糖和牛奶的寡糖成分相當不同。

配方奶製造商發現人乳寡糖的重要性後，不斷尋找讓產品變得更好的方法。但這難度很高，因為人乳寡糖只能由人類產出。農場

裡其他動物乳汁裡的寡糖，比起人乳較不豐富而結構也較單純，無法取代人乳。再加上，沒有人知道該如何從其他自然資源裡，提取類似人乳寡糖的東西，或將其他物種的寡糖變成人乳寡糖。製造商能做到的就只有在配方奶中加入菊苣、酵母菌、細菌裡的寡糖，勉強模仿人乳寡糖。

有證據指出，完整的牛乳蛋白質，會增加常見過敏及自體免疫疾病風險，像是哮喘、濕疹、食物過敏與第一型糖尿病，所以現今配方奶製造商都販賣水解過的牛乳。美國、歐洲、澳洲公布的嬰兒飲食指南也推薦這種配方奶，由此可知不太可能造成什麼傷害。

較新的配方奶更添加（包含人乳寡糖和其他細菌的肥料）益生質、益生菌（像是雙歧桿菌和乳酸桿菌）和（結合以上兩種的）共生質。這些新的配方奶，被認為能更有效地減少嬰兒腸絞痛和氣喘等多種症狀。

不過，一項 2016 年發表的研究，質疑這類配方奶預防過敏的能力[6]。在一項系統性的文獻回顧，和對三十七項實驗所做的綜合分析中，研究員沒能找到支持以上建議的證據，這些研究涵蓋 1946 年到 2015 年間的一萬九千名受試者。製造商聲稱，水解配方奶能預防過敏，可能會使消費者誤以為這些商品比母乳好，讓媽媽們放棄母乳哺育。

容我重申：如果選擇不以母乳哺育，或是發現你無法這樣做，你不需要因此覺得罪惡。雖然許多研究顯示母乳的優點，但大多數以配方奶孩子為研究對象的實驗也發現，食用配方奶長大的孩子也一樣健康。更有一些實驗變項控制良好的有效研究顯示，在同時考量其他干擾因子（如社經地位）的情況下，母乳哺育的優勢是相對小或不存在的。無論如何，所有重要的健康單位包括美國小兒科學

會，根據許多研究審慎考量後，均建議在可能的情況下盡量以母乳
哺育，這樣對嬰兒和母親的健康都好。

24.
乳母或人乳銀行的奶是否安全？

　　從人乳銀行來的乳汁已經過殺菌處理，原則上不該有任何已知的病原體，從這個層面上看來可說是安全的。於此同時，許多活性微生物和（包含抗體的）蛋白質帶來的好處都在殺菌過程中流失，或一些像是寡糖類的小型分子，在加熱時被分解破壞。在商業化的人乳銀行，更是會經過嚴格的篩選和控管，確保生產過程中未受微生物感染[7]。倘若是從兼職販賣母乳的母親那裡購買，可能會有感染的風險，或帶有提供者所使用各式合法與非法的藥物殘留物。

　　乳母所提供的乳汁可能帶有有害的微生物，其中最值得注意的如愛滋病病毒、抗生素或抗憂鬱劑（Antidepressants）等藥物，和鄰苯二甲酸酯（塑化劑的成分之一）、汞等環境毒物，這些物質都可能進入母乳。為了寶寶健康著想，你必須要慎選乳母。前提是，你需要知道她的基本背景，例如在那些習慣吃魚的國家裡（魚的汞含量可能極高）乳汁也許會變得有毒性。再者，如果乳母的乳頭受感染或發炎、患有乳腺炎，造成感染的細菌可能會傷害寶寶。雖說如此，人奶是嬰兒所能得到最好的食物。我們的建議是，請慎選食物來源，很多情況用常識就可以判斷了。

Q 25.
膳食補充劑會隨母乳產出嗎？

　　有時候是的。好消息是，如果你吃得很好又很健康，膳食補充劑幾乎不會影響乳汁的營養含量[8]。證據來自一項對義大利母親以母乳哺孕足月嬰兒的研究[9]，這些母親食用相當均衡的義大利傳統膳食。受試者被分成兩組，一組服用包含鋅、銅、碘化鉀的綜合補充劑，一般認為哺乳中的媽媽十分需要這些養分。第二組則沒有服用任何補充劑。三個月之後，兩組的乳汁質量或嬰兒健康都沒有顯著差異。也就是補充劑並沒有造成不同。

　　無獨有偶地，一項在非洲甘比亞所做的研究也發現，儘管服用膳食補充劑，哺乳中的媽媽所攝取的食物熱量較高，對產乳量的影響卻很小[10]。

　　雖說如此，鮭魚、鮪魚和鯖魚這些富含脂肪的魚類，含有一種名為 DHA（docosahexaenoic acid；二十二碳六烯酸）的化合物原料成分，你吃得越多，這種成分進入乳汁的分量越高[11]。也就是當你吃進越多含有 DHA 的食物，寶寶就會得到越多。DHA 對嬰兒大腦的生長和功能發展都很重要，食用缺乏 DHA 配方奶的寶寶，日後可能會引發憂鬱症、注意力不足和過動症等健康問題。好在 DHA 是母乳的天然成分，而且現今也已加進嬰兒配方奶中。

　　魚油對正在哺乳中的母親也很好。它能改變母乳中的脂肪酸，並藉由增加製造短鏈脂肪酸（SCFAs）的微生物豐富性，促進嬰兒腸道裡的免疫功能[12]。

當你正在泌乳期時，你的身體知道該如何製造乳汁。你可以藉著改變飲食稍微改變乳汁成分，但卻不能徹底地改變它。若無法生產足夠的乳汁，膳食補充劑也沒有辦法幫你解決。就算愛爾蘭母親很相信未經殺菌的健力士啤酒酵母，但你也得住在愛爾蘭才敢這樣做吧。

Q

26.
抗生素是否會隨我的乳汁排出？
這將會如何影響寶寶的微生物群系？

無庸置疑的，母乳是你能給寶寶最好的營養來源。但是有些時候，需要在哺乳期間服用抗生素來治療感染。抗生素會經由乳汁進入寶寶的身體，但既然在哺乳期間開立抗生素被認為是必要的，就該了解一些潛在風險。

很明顯的，當你需要抗生素時就該服用它。若有任何疑問，請直接與醫生討論。大部分的醫生很清楚風險，並能提供正反兩面的觀點。就算只是小病或無法用抗生素根治的病毒感染，很多病患還是要求醫生開立抗生素。有些醫生會照要求開立處方簽（只是不想讓你不開心），所以最好要澄清你不是這種患者，以得到適當的協助。

萬一非得用藥，還是可以避免藥物殘留到乳汁裡。其中一個方法是找人乳銀行協助（羅布和阿曼達曾這麼做）。不過這非常的昂貴，因為他們所選的人乳銀行嚴格管理乳源、徹查病原體。要記得確認，針對供給者使用抗生素的情況是否也嚴格把關。

如果你必須提供帶有抗生素的乳汁，應該要知道：首先，不是每位母親都是一樣的，乳汁會殘留多少抗生素劑量、吸收速度都因人而異，造成這些差異的因素也還不清楚[13]。其二，泌乳時間也有影響。二十年前，泌乳專家將初乳和後乳（foremilk and hindmilk）分開來看（但不要被混淆了，這不是兩種乳汁）。後乳只是比初乳晚一些流出，比起初乳含有較多脂肪和鹼度。問題來了，後乳可能

含有較高濃度的抗生素，所以當嬰兒吸吮較長時，也會得到較高劑量的藥。其三，抗生素的選用相當關鍵[14]。乳房組織會把一些抗生素代謝掉，這些抗生素便失去功能，例如磺胺類藥物（Bactrim 或 Sulfazine），固然副作用難免，卻是較為古老並沿用至今的抗微生物劑（Antimicrobial agents）。我們推測乳房組織改變了抗生素的功能，使其失去活性。或是因為微生物的化學反應改變了藥物在乳房裡的表現。磺胺類以外的抗生素則不受乳房組織影響。

最後一點如先前提到的，寶寶的年紀也是關鍵。嬰兒的微生物群系在生命初期歷經巨大浮動，且母乳的化學成分（及進入母乳的微生物），都在這段期間改變。抗生素可能會因此使微生物群系無法或較慢恢復，抑或是阻擾、延緩正常成長。然而請特別注意，我們其實還不知道什麼才是一個「正常的」微生物群系的發展。

不論是大人或嬰兒的腸道中，抗生素將造成體內主要細菌的種類與豐富性顯著降低，並抑制腸道裡現有的微生物群系。因此減弱了第一道對抗疾病的生物防線，可能會導致寶寶較容易發生腸道和其他全身感染。腸道微生物群系的改變，引起腸道化學的變化，尤其改變了膽汁酸代謝的方式，進而引起發炎和腹瀉。抑制微生物群系裡腸桿菌屬（Enterobacter）的某些菌種，可能會造成念珠菌（Candida）等酵母菌增生。後果就是出現鵝口瘡般的症狀，主要發生在直腸周圍（傑克的兒子狄倫，還是嬰兒時就發生過好幾次）。

許多抗生素名列哺乳期安全清單上：氨基糖苷類（Aminoglycosides）、阿莫西林（Amoxicillin）、阿莫西林－克拉維酸鉀（Amoxicillin-clavulanate）、抗結核藥物（Antitubercular drugs）、頭孢菌素（Cephalosporins）、大環內酯（Macrolides）、複方新諾明（Trimethoprim-sulfamethoxazole）。

其他沒有列出的，請避免使用，或使用的話得特別小心。不過，這些被視為「安全」的抗生素也會變更腸道微生物群系，造成未知的影響。而且美國食品與藥物管理局（FDA）還未曾將微生物群系考慮進去，至少目前還沒有過。

　　如果必須服用抗生素，保險起見，最好還是避免哺乳。倘若一定要的話，建議使用上列安全清單裡的抗生素，這些都是經過研究、觀察母親服用過後孩童的健康狀況，進而挑選出來的品項。

Q

27

什麼原因導致嬰兒腸絞痛？是微生物的錯嗎？

大約每 5 位兩週大的新生兒，就有 1 位經歷嬰兒腸絞痛的症狀。寶寶可能會連續哭個三小時（安撫也無效），一邊尖叫、兩腿僵直，肚肚同時變得堅硬、小臉越來越紅，你就是無法讓他平靜下來。這情景讓人痛苦不已。

微生物與這有關嗎？根據一項最新的文獻發現：腸絞痛的嬰兒腸道裡，變形菌門的細菌含量，明顯高於未受影響的嬰兒，而且微生物多樣性較其他健康嬰兒低 [15]。變形菌門裡有製造氣體和引起炎症反應的菌種，可能是造成未成熟腸道疼痛的原因。另一項研究發現，那些體內有益的微生物較少的寶寶，較常哭泣也較難照顧 [16]。但這樣的差異是否造成、影響嬰兒腸絞痛還不確定。也可能是因為患有腸絞痛，才改變了微生物群系。

然而，益生菌也許能幫助腸絞痛的寶寶們。持續三個月，每天服用五滴羅伊氏乳酸桿菌的寶寶，比食用了不含有菌株的等量油滴的對照組寶寶，較不易出現腸絞痛、胃酸倒流、便祕等消化系統方面問題 [17]。這項研究樣本數蠻大的，包含 238 名食用組和 230 名安慰劑組，實驗控制十分嚴格，以雙盲（父母與研究員都不知道寶寶食用的油裡面有沒有菌株）的方法進行。雙盲實驗之所以很重要，是為了避免參與者在不經意的情況下改變結果，或是受到實驗變項（有沒有食用益生菌）而產生偏見，改變對寶寶生理反應的觀察。

抗生素

Chapter 6

Q 28.

如果寶寶出生時碰到胎糞，一定要使用抗生素嗎？

不一定。

　　傑克的兒子狄倫在醫院出生時，他的妻子凱薩琳在產程中雖然沒什麼異樣，但參與生產的護士建議她們，等醫生判斷之後再開始用力生產。這位醫生卻因為在另一位產婦那裡，不能馬上過來。傑克和凱薩琳必須等待一段時間，而在漫長的等候裡，寶寶的頭因為逐漸增加中的子宮收縮，擠壓到盆骨了。凱薩琳覺得很不舒服，狄倫更是痛苦到會造成創傷的程度。狄倫的頭皮下出現血腫（hematoma），並在產道裡大便。這種被稱為胎糞的第一份糞便，是由腸上皮細胞、粘液、羊水、膽汁和水所組成的。不同於之後排出的糞便，這種胎糞如瀝青般（通常是深橄欖綠色）充滿膽汁的顏色。嬰兒在產道裡排泄胎糞的話，可能會與受感染的羊水一同出生。在足月產出的案例裡，羊水感染的情況占約 22%，超過四十週的「晚出生寶寶」特別容易得到。狄倫剛好在預產期出生，他一向是個準時的孩子。

　　目前討論胎糞是否具有危險性的研究很少，但是令產科醫生擔心的是，新生兒會吸入被胎糞感染的液體到肺裡面[1]。這些嬰兒中大約有 5% 會發展出一種叫做「胎糞吸入綜合症」的症狀。通常無害，但在少數案例中由於某些細菌感染可以導致死亡（這論點還具爭議），大部分的研究認為，當胎糞和胎兒一樣被包裹在羊膜裡時，都是無菌的。因此，就算胎糞落在羊水裡，也不該是感染的主因。或許有一種可能性是，某些不明的成分引起發炎反應致使寶寶

（和母親）受到感染[2]。但是目前沒有研究能了解那是什麼成分。

　　因為有受到感染的可能性，醫院標準流程決定給予羊水裡有胎糞的寶寶抗生素。當狄倫被開立抗生素時，傑克與凱薩琳沒有反駁。這是他們的第一個孩子，沒有什麼經驗的他們預設醫生和護士是專業的。然而，預防性的使用抗生素，沒人知道會對母親或孩子的健康造成什麼影響。唯一一項可信度較高的實驗表示，抗生素在這情況下不會帶來額外的好處，這說明當時清空結腸、排出胎糞的狄倫不需要被施用藥物。他的父母開始反思抗生素治療，對狄倫發展中的微生物群系帶來什麼影響。

Q 29.

可以在陰道分娩時拒絕使用抗生素嗎？

身為患者，你握有最終的決定權。但若病情需要以抗生素治療，或是帶有傳染給寶寶的陰道病原體（像是 B 型鏈球菌或淋病），寶寶所面臨的危險理論上遠大於在生命初期使用抗生素。

更何況對寶寶而言，還不清楚生產前所施打的抗生素有什麼影響。總之，請向醫生表達你的憂慮，詢問清楚這抗生素是否必要、不使用的後果為何。大部分的醫師仍擁護著抗生素無害且有效的信念，但事實上這觀念是錯誤的。

Q 30.
新生兒是否應該使用抗生素眼藥水？

這很難說。在已開發國家中，只有美國基於預防性醫學原則對新生兒施用抗生素眼藥水[3]。事實上，傑克第一次在費城的研討會被這樣問時，根本不知該如何回答。他的孩子在英國出生，從未聽過這種事。但在美國卻行之有年，紐約州甚至不允許父母拒絕使用這種眼藥水。倘若他們拒絕，醫院有權連絡兒童保護服務，申訴父母不服從醫囑。同樣地，在科羅拉多，當羅布和阿曼達剛出生的女兒被施用抗生素眼藥水時，他們其實也不知道該怎麼表達，就被強迫接受了。不過，事後發現這種眼藥水只對某些疾病有效（或是當寶寶歷經緊急剖腹手術時），而他們確實沒有這些疾病。發現這程序根本多餘後，他們很不滿意。

想要了解這項醫療程序的背景，必須回到十九世紀末期，那時嬰兒極容易罹患新生兒急性結膜炎（Ophthalmia neonatorum, Neonatal conjunctivitis）或常稱作紅眼病（Pinkeye）的疾病。當時歐洲有 10% 的新生兒患有結膜炎，其中 3% 長大後會失明。卡爾克德（Carl Cred）醫生發現這種結膜炎，只發生在帶有淋病的陰道產出的新生兒。他接著證明結膜炎其實是由淋病病菌（Neisseria gonorrhoeae）所引起的，並決定要給所有陰道產的嬰兒使用硝酸銀眼藥水，這麼一來幾乎能完全根除。但後來發現硝酸銀很不好，會造成化學灼傷和短暫失明。

在這研究結果發表後不久，其他研究員便接著發現新生兒結膜炎是由淋病偕同披衣菌所引起的，直到今日，也認定這兩種細菌是

疾病的肇因。牠們都會經由性交傳染，相較於今日在十九世紀末時更加流行。然而由於美國幅員遼闊、人口眾多，官方健康機構（為圖方便）決議所有新生兒在出生後一小時內，都必須使用預防性的抗生素軟膏或眼藥水。這邏輯基本上是：「幹嘛不用？抗生素很安全，且沒有糟糕的副作用，就直接用吧。」

一晃眼到了今天。事實證明，有些使用中的抗生素對抗淋病或披衣菌根本無效。那為什麼經過病原體檢查確認呈陰性反應的女性（也就是幾乎全部的美國孕婦）的新生兒還是必須被施用抗生素眼藥水？還有一種可能性是，孕婦在篩檢之後、分娩以前才得到這種結膜炎。這是唯一一種需要對新生兒施用眼藥水的情境，但發生的機率微乎其微。

為什麼使用這樣的眼藥水不是好主意，最主要的原因是由於抗生素的抗藥性。這是否會導致眼睛裡具抗藥性的細菌大增呢？我們根本就不知道。目前沒有具效力的研究結果可供參考，但我們相當確信會有這種後果。

另一個明顯的問題在於，眼睛裡的微生物群系是預防結膜炎和其他眼疾的前線防禦者，這麼做很可能在初期就以抗生素去除或干擾微生物群系，造成嬰兒眼睛感染的機會增加。只是這樣重要的問題，仍無研究成果可以參考。

Q 31.
抗生素對我和寶寶的腸道有什麼作用？

　　抗生素對腸道的作用取決於你的寶寶和抗生素種類。假設兩個寶寶有一樣的腸道細菌種類（以大腸桿菌 E. coli 為例），然後給他們用同一種抗生素，有時候抗生素只會殺死其中一個的腸道細菌，另一個寶寶的腸道細菌卻沒事。科學家們還在試圖找到原因，可能的原因有：腸道中的其他細菌阻礙抗生素正常運作，或無法先吸收抗生素；又或者同類型的細菌，在不同生長階段吸收抗生素的能力不同。儘管一般開立抗生素的原則，救了許多人的命，我們仍不了解為什麼抗生素對某些人和某些細菌生效，有時又無效。

　　一般而言，不同的抗生素能制伏不同種的細菌。但其實單一菌種裡，同時有「好的」和「不好的」（就像是人類有好有壞）。例如，大腸桿菌的某些菌種對人體有害，但是像尼氏大腸桿菌（*E. coli Nissle*）卻是有益的，甚至被做為益生菌來販售（食品與藥物管理局將其歸類為藥物，因此在美國未能做為益生菌上架）。服用抗生素時，為了殺死壞菌，許許多多的益菌也被趕盡殺絕。就好比用推土機而非庭院用具來除草。再者，經歷抗生素療程過後，壞菌會比好菌更快速地長回來，就像是在一場森林大火之後，野草萌生。

　　同樣的原則，也適用於針對某些微生物進行的劇烈治療。羅布的女兒受到再發型皮膚感染時，傳染病專家建議以根除感染（decolonization）的方式治療，基本上就是施以一連串的強烈化學藥浴。羅布挖掘科學文獻資料發現，這樣的療程短期來看雖然有效，但數個月之後，卻將寶寶置於同一種或是其他細菌感染的高風

險中。所以他們決定不採用這個療程，因為這類型的感染並不會有生命危險，或是對抗生素產生抗藥性。

一般而言，在使用抗生素之後，微生物群系的多樣性基本上是降低的。壞的細菌像是腸桿菌屬（Enterobacter）裡的一些有害菌種，或是相當不好的細菌如：艱難梭菌（Clostridium difficile）和金黃色葡萄球菌（Staphylococcus aureus）可能會占領微生物群系（好在通常只是短暫的）[4]。我們觀察到許多在腸道中和身體裡的炎症，是由於免疫系統識別壞菌所排放出的化學物質，並啟動炎症反應所造成的。

抗生素同時濫殺對身體有益的細菌，如包含製造短鏈脂肪酸（SCFAs；腸道中免疫細胞的食物來源）、胺基酸和維他命等化合物的益菌，用了抗生素之後都會銳減。有點像是在一座充滿大樹的雨林裡濫砍，然後接著看到綠草油然發芽。這些草不具有完整的生態系統的生產力。

因此，就算抗生素有時可以救人，我們也該用最保守的態度來評估，並以最小的量來使用抗生素。記得多多詢問醫生不服用抗生素的後果，或是你能不能再等等。同時得密切地注意寶寶的身體狀況，一旦情況變糟，就得開始用抗生素。

32.
新生兒出生後六個月內所使用的抗生素，
是否會導致肥胖？

相當有可能。

你曾想過農場裡的動物都是如何被養胖的嗎？ 1904 年，農人發現被餵食抗生素比起沒有被餵藥的牛、雞、羊和豬隻體重增加的較多，肌肉也較重。他們很快地發覺「次治療」量（低於治療感染的用藥劑量）的抗生素能促進成長，成為動物個體身上那額外的百分之五、十或是十五的體重。他們還察覺到給藥的時機也是關鍵。為達到促進成長，有效將食物的熱量轉換為身體的重量，最好趁年輕時餵食抗生素，較年長的動物對此毫無反應。那些在身體裡外絲毫沒有任何細菌的情況下，所繁殖出的無菌動物對抗生素治療也毫無反應。若要增加體重，你需要微生物。

現在我們來看看怎麼套用在人類身上。寶寶的微生物群系需要時間達到穩定平衡，在三歲之前寶寶的微生物群系不斷地改變著，尚未發展出成人微生物群系的特性。許多因素可以干擾或是影響這個不斷進行中的程序，包括主要的飲食改變、感染、環境曝露因子和抗生素。正如你所知，抗生素是設計來消滅病原體的。最早的抗生素能殺的病菌種類很狹窄，意思是他們只需要攻擊一種病菌即可。之後的製藥公司開發廣效抗生素，一次能殺光更大範圍種類的微生物，好比焦土政策（scorched-earth approach）。

假設你的醫生開立了一款廣效抗生素來治療寶寶的耳朵感染。當藥物觸及腫大的中耳時，除了消除感染，也可能會減緩發炎和減

輕疼痛。但是，你想想這藥還去了哪裡？當藥進入寶寶健康且正忙著自我管理的腸道時，可能會帶來負面影響。多種益菌可能會受到攻擊，直至數天或是數週才能恢復。有些稀少的菌種可能會因此滅絕。事實上，針對重複使用抗生素的成人所做的研究顯示，他們的微生物群系在數個月甚至到好幾年後都可能無法復原[5]。這討論主要是應用在口腔和靜脈注射抗生素，通常外用抗生素對身體其他部分的效用較低。

許多小孩受到抗生素的影響。在美國，每個未滿兩歲的小孩平均接受了近三回的抗生素療程，十歲時約 10 回，二十歲時約 17 回。這現象非常值得關注：平均每年一回的抗生素療程，會因為對微生物群系反覆的干擾，而產生許多變化。

那麼嬰兒服用抗生素的後果為何？我們知道腸道裡的細菌負責調節寶寶的新陳代謝。許多種微生物吃著寶寶的食物，以提取發育中身體裡的能量。有趣的是，細菌會影響寶寶消化食物、取得能量的方式。雖然確切的細節還不是很清楚，但我們的確知道細菌的代謝產物，和某些特定的細菌對免疫系統所造成的改變，會改變寶寶的肝功能，並影響身體脂肪增加的量。同時也影響新陳代謝功能的其他面向，造成肥胖症、甚至是糖尿病（在以小鼠為主的動物模型實驗中已獲證實，雖然尚未釐清與人類疾病的相關性，但我們認為可能性很高）。

因此不意外地，嬰兒期使用抗生素會讓孩子變胖[6]。紐約大學人類微生物群系研究計畫主持人馬丁·布拉瑟博士（Martin Blaser）說：「給孩子抗生素，可能是二戰之後像是肥胖症和其他疾病快速增加的原因。抗生素有時是必須的，這我們了然於心，但必須學習該如何更明智地使用抗生素。」丹麥國家新生兒長期追蹤研究單

位（Danish National Birth Cohort）對 28000 組母嬰所做的研究發現：孩童在出生後六個月內使用抗生素，與七歲時過重呈正相關[7]。然而，另一份對 38522 名孩童和 92 對雙胞胎所做的研究，則沒有發現使用抗生素和體重增加的顯著關係[8]。既然目前研究結果不一致，那就必須進行更多研究。

儘管如此，嬰兒期使用高劑量的抗生素可能會阻礙成長。在一項小鼠實驗中，同樣的抗生素導致一些動物增加重量，同時卻讓另一些動物減少重量[9]。這差異可能部分由於抗生素的劑量、小鼠品系（人工培育的品種）和小鼠的飲食造成。幸運的是，對人類來說，得到肥胖症的風險較小，反而是飲食等許多其他因素影響較大（小鼠也是這樣）。我們知道高脂肪、高糖的飲食，比起一個孩子所使用的抗生素更容易引起肥胖症。類似的趨勢也能在久坐的行為上看到：動得較多的孩子比較不容易發胖。活動量是一個比抗生素還更能準確預測罹患肥胖症的指標。不過，到底是多活動能預防肥胖症，還是新陳代謝改變，讓人們較不愛活動才造成肥胖症呢？這都還有待釐清。

益生菌

Chapter 7

Q 33.
益生菌對什麼有益？

　　這要看是哪種益生菌。好幾個世紀以來，益生菌一直出現在人類的生活裡。傳統和現代的飲食有一部分是由益生菌所組成，長期以來被視為對健康有益。世界衛生組織將益生菌定義為「活的微生物，在適當的使用量下，對宿主的健康能帶來益處」。益生菌存在於優格、克菲爾酸奶（kefir）、醬菜和其他許多的發酵食物中。母乳裡也有益生菌。

　　另一方面，市面上大部分的益生菌商品，號稱具有各種神奇的健康功效，但根本沒有研究支持。帶有「400億微生物」的膠囊不會讓你孩子變瘦或「增強」孩子們的免疫系統。也不會讓寶寶在飛機上不哭、避免幼兒的蛀牙、縮短感冒或流感的恢復期，更不會治好胃食道逆流。市值十億美元的產業，卻幾乎沒有任何醫療監督制度。

　　我們總是被問：我的孩子該多吃優格嗎？基本上沒有什麼證據，認為規律地食用益生菌優格（不論是否添加於乳製品）就會比較健康。儘管如此，銷售人員還是不斷地聲稱優格是好吃的萬靈丹。傑克定期吃優格（也鼓勵孩子吃），純粹是因為愛吃。具活性細菌的優格是一種益生菌，不僅對健康有益，還有很特別的健康效益（我們等等會談到）。含有活菌的優格，像是德氏乳酸桿菌（Lactobacillus delbrueckii）或是嗜熱鏈球菌（Streptococcus thermophilus）。也同時含有其他乳酸桿菌屬（Lactobacillus）和雙歧桿菌屬（Bifidobacteria）的菌株。食品製造商再怎樣不願意承

認，實際上要控制培養出來的菌種種類十分困難，就算業界有設定在優格裡應該出現的菌種標準，也無法確實達成。羅布也喜歡吃帶有活菌的優格，特別是冰島酸奶，但他是因為喜歡吃而吃的，而不是為求特定的微生物能對身體健康有什麼益處。傑克也很喜歡羊乳優格，這類優格本身不含乳糖，但單純因為好吃而吃了很多。

甚至早在十九世紀末，諾貝爾得主埃黎耶·埃黎赫·梅契尼可夫（Илья Ильич Мечников；Élie Metschnikoff）就曾表示：規律地食用發酵過的牛奶可以增進身體健康，並且減緩因老化而引起的神經功能衰退現象。雖然埃黎耶的確為微生物群系的知識體系，和人體生理學基礎知識立下基石，許多他當時所預測的概念至今仍被廣為接受。但是，經過一百多年的研究，還是沒有可信的證據，證明定期食用益生菌有益健康。

市面上有各式各樣的益生菌種，看似能解決各式各樣的需求，但是大多數都未通過適切的實驗檢視效力，也很少受到科學文獻審查，因此我們無法評估這些益生菌是否真正有效。若非必要，我們不建議你隨意給小孩益生菌，就算是在必須的情況下，你也應該選擇單純的、解決孩子當下症狀的那一種就夠了，否則你很可能只是浪費錢。

另一方面，在你家附近的小藥房或雜貨店，難免有擺滿膳食補充劑、益生菌的商品向你招手。過去二、三十年間，細菌菌種培養爆炸性的開展，有液狀的或充滿防腐芽孢的膠囊。這些新型益生菌有比較厲害嗎？

已有臨床資料證明，現行益生菌對腹瀉和特異體質過敏症（atopy）有幫助，但礙於臨床實驗十分匱乏，我們不知道新型益生菌的效力為何。

另一方面，有些較新型的益生菌製造商，開始對他們的產品建檔、蒐集情資。例如：VSL#3 益生菌混合了八種不同細菌菌株，已有證據說明對患有腸躁症或潰瘍性結腸炎的孩童、剛動完大腸切除手術的成人有幫助[1]。VSL#3 主要是啟動抗炎機制，增加免疫功能。事實上，傑克服用 VSL#3 來減緩關節疼痛，覺得蠻有效的。然而，綜合益生菌能對整體健康有益的聲明，卻還未獲實證支持。

益生菌背後的概念十分誘人，叫做「菌叢失衡」。這專有名詞是指微生物在身體裡外失去平衡。有很多因素包括：過量使用抗生素、便宜行事的飲食習慣、受汙染的食物或水、疾病等等。

腸道裡的微生物和諧地生活在一起，監督彼此生長進度、製造食物、維他命、胺基酸和其他有益於孩子身體的化合物。同時刺激並控制孩子的免疫系統、荷爾蒙平衡、甚至是神經元。但是一旦失去平衡時，整個群體都會受到干擾。這崩壞的平衡狀態會帶來不可預期的後果。有些細菌會大量繁殖，有些則會餓死或消失，還有些則閉嘴靜靜地等待，進入某種休眠狀態，好似一顆種子等待時機發芽。

在孩子的腸道、皮膚或是其他組織的菌叢失衡時，益生菌可能會有幫助。益生菌裡許多友善的細菌，和腸道中一般的細菌類似，能將腸道帶回平衡的狀態。當微生物群系的平衡狀態被擾亂時（也就是菌叢失衡），益生菌能救回群體，將群系狀態調整回到每個人體「原來正常」的樣子。

以上所述僅是假說，目前能支持的證據有限，我們仍不了解發生的原因。一個可能的理論是，含有益生菌的飲品或優格中的細胞質量可以開啟免疫反應，以減少發炎或是改變免疫系統與微生物群系互動的方式[2]。你可以將免疫系統想像為一位園丁，他的工作是

留下想要保存的細菌，並維持牠們的健康活力，同時清除不想要的細菌。在菌叢失衡狀態下的免疫系統更像是一位喝醉的園丁，盡做出一些糟糕的決定。益生菌的功能似乎在於重新平衡免疫系統，也因此間接地平衡了微生物群系。

我們沒有證據能證明益生菌確實能留在孩子的腸道裡。許多常見的益生菌，應該絕大多數都被排泄掉了，所以益生菌唯一可能改變身體的方式就是和免疫系統互動。又或者在被立即排出前，和既有的微生物爭食養分（儘管時間相當短）。在嬰兒階段，微生物群系尚未如成人穩定發展時，服用益生菌可能讓某些細菌成為幼兒微生物群系的一部分。這種益生菌的研發是以那些可以由人體分離出來的細菌，並選出在發展中的腸道裡能提升健康的那類菌種為基礎。目前還買不到。

儘管認為規律地食用益生菌對健康有益，是個缺乏證據的假說，許多人仍表示孩子是因為吃了益生菌變得更健康。益生菌是安慰劑嗎？原則上，科學家應該要能測量出食用益生菌後，對特定健康狀況的影響程度。但事實上影響健康的，不僅是吃進去的東西，還包括使用者的感覺和認知，這些變項較難以被量化。我們還需要大量的學習與討論，以解答這個複雜的問題。

什麼時候該給孩子益生菌呢？假如你正在餵母奶的話，就已經在給予寶寶益生菌了。另外，目前已有大量證據說明，益生菌能協助改善孩子腹瀉。如果孩子剛開完刀，許多小兒外科醫生會建議你使用希臘優格，因為它很營養、富含有益生菌，能降低腸道細菌過度生長的機率。以下我們羅列一些給孩子食用益生菌的時機，供你參考：

食物過敏

在過去數十年間，治療食物過敏的益生菌在已開發社會裡增加了兩成。

牛奶過敏是嬰兒期和童年初期最常見的一種食物過敏，全球大約有 2~3% 的盛行率。症狀包含經常吐痰、嘔吐、腹瀉、嘴唇或眼睛腫脹、流鼻涕和持續性的疼痛。這是由於寶寶無法消化牛奶中一種名為酪蛋白的蛋白質所引起的。

我們的目標是利用細菌來引發對這類蛋白質的耐受能力。益生菌能派上用場嗎？

傑克實驗室參與的一項小型臨床實驗，就是為了要找到答案[3]。三組三個月以下的嬰兒，全都對牛奶過敏，並以配方奶為食。其中一組飲用普通的品牌，另一組是含有強力水解酪蛋白的配方奶。在這種產品中，酪蛋白被分解成小單位，方便寶寶吸收。第三組則飲用水解酪蛋白外加 GG 鼠李糖乳酸桿菌（Lactobacillus rhamnosus GG; LGG 菌）的配方奶。

有些獲得益生菌和水解配方的寶寶，對牛奶的耐受力顯著地提高。但有些飲用一樣混合配方的寶寶卻沒有。

為什麼耐受力沒有提高呢？老實說，我們也不是百分之百的確定。但我們在寶寶的糞便樣本裡找到一些線索。

耐受力提高的寶寶體內，有一種腸道細菌的強化菌種，這種菌種能使結腸裡的碳水化合物發酵，進而製造丁酸鹽（Butyrate）。丁

酸鹽的結構是短鏈碳和氫原子，就好比在脂肪裡所觀察到的結構。丁酸鹽是一種有益的分子，腸道裡的免疫細胞以丁酸鹽為食，然後生產出一種能抑制炎症反應的化學物質。因此腸道裡的丁酸鹽越多，炎症反應就越少，也因此改善了腸道對食物過敏原的耐受能力。

同樣地，最近一篇在澳洲的研究顯示，一款市售的益生菌能有效地減少對花生的過敏現象[4]。30 位過敏孩童每天得到一小份的花生蛋白質，同時服用劑量漸漸增加的 LGG 益生菌。最終參與實驗的孩童所食用的益生菌劑量，大約相當於每天食用約 20 公斤（44磅）這麼大量的優格。十八個月後，其中每 5 個孩子之中有 4 個不再對花生過敏。這項和其他研究結果讓美國小兒科學會更改建議，應該要盡早給孩童吃一點花生以增加耐受力，而不是在兩歲前都不要碰（在第 8 章會提到以色列孩童食用花生點心的實驗，證實添加了刺激免疫系統的食物，能減低過敏風險）。

酵母菌感染、異位性皮膚炎和濕疹

狄倫的腸道被念珠菌（Candida）感染時，症狀遍布他的皮膚甚至胯下鼠蹊部，長達六個月之久。由於他的媽媽知道優格常被用來治療這類因念珠菌而感染的鵝口瘡，便將優格塗滿狄倫的皮膚，然後他口裡和陰部的感染就消失了。

究竟是怎麼回事？單就一位孩童的案例，我們無法斷言狄倫是否真的因為敷了優格而好起來，但臨床實驗的確發現單純使用優格或和蜂蜜（富含天然抗真菌成分和抗生素）一起施用，對治療成人和動物皮疹都相當有效。目前尚未對孩童進行實驗。

在一項針對濕疹所進行的研究中，132 位母親在懷孕開始時，服用 GG 鼠李糖乳酸桿菌（Lactobacillus rhamnosus GG; LGG 菌），等到胎兒出生後，接著服用六個月[5]。這 132 個孩童兩歲時，其中有 46 位被診斷出異位性濕疹。比起未食用益生菌的孩子，他們得到濕疹的風險少了一半。研究人員對這些孩童進行長期追蹤研究到四、五歲，並發現相似的結果。益生菌對這些孩子的保護作用持續至上小學的年紀。另外一項針對孕婦和他們的小孩的研究卻有不同結果：220 位受試者飲用益生菌綜合飲料（*L. salivarius* CUL61, *L. paracasei* CUL08, *Bifidobacterium animalis subspecies lactis* CUL34 and *B. bifidum* CUL20），另外 234 位則飲用安慰劑，不論是哪一組對嬰兒得到濕疹的機率都沒有影響[6]。

近期一項嚴格控制變項的研究，邀請 50 位患有濕疹和 51 位沒有濕疹的嬰兒為研究對象，研究結果發現這兩組孩子糞便中的細菌有所不同[7]。目前為止，此差異僅在統計上成立，還無法確定這差異跟濕疹之間的關係。但這類研究成為我們調查關聯性是否合理的範本。

耳炎

另一項研究發現，益生菌能降低年輕人游泳時引起耳炎的機會和嚴重程度[8]。46 位平均年齡十三歲參加游泳競賽的女孩們被分為兩組。其中一組在八週的時間內每天食用約 370 公克（13 盎司）的一般優格，另外一組在相同期間食用一種天然的、富含具活性細菌的優格。最後，女孩們沒有因為吃了優格而表現比較好，但那些吃了含有益生菌優格的女孩們較不容易感冒，耳朵疼痛的現象也

減少了。

　　益生菌被發現能減少年輕孩童耳炎的狀況，對所有父母來說真是個福音[9]。近期被診斷出因化膿鏈球菌，而染上復發性耳炎的65位孩童參與了一項研究。其中有45位在三個月內每天服用一種成分為涎鏈球菌K12益生菌的口服、緩釋性藥錠。服用K12益生菌的孩子中，喉嚨痛的情況減少了九成，同時急性耳炎的情況也減少了四成，很顯著地比沒吃益生菌的孩子得到更多舒緩效果。

　　益生菌真是一個令人興奮的醫療前沿[10]。倘若我們能了解某種微生物群系是少了什麼才失衡，也許我們就能修復那些有益的部分——也能把它弄得很好吃。

Q

34.
哪種益生菌對我的孩子最好？

在我們被問到的所有問題中，這一題算是蠻難回答的（同時又常被這樣問）。不同於藥物，益生菌看似簡單、天然還不需要處方箋。雖然是貴了點，但是使用起來很方便，又能得到心情上的平靜，這些優點似乎都比價格更重要。

回答這問題時，第一個難題是我們並非臨床醫師。我們其實是從事研究的科學家，打著科學家的名號做出使用益生菌的明確建議，其實是有違科學家的倫理道德的。再說，大部分的臨床醫師也不見得知道答案。表格一針對益生菌和小兒健康提供最新最即時的建議（你也可以上 www.usprobioticguide.com 網站了解更多）。這份資訊可以做為針對不同疾病的參考資料，並與醫生討論哪些能用來治療特定的兒童疾病。

表格一：用來治療幼童疾病的商品名稱與益生菌種

商品名稱	益生菌種	適應症
針對小兒健康		
BioGaia Protectis	L. reuteri DSM 17938	反胃與腸胃道活動能力 / 胃絞痛 / 感染性腹瀉 / 抗生素引起的腹瀉 / 便祕 / 功能性腹痛 / 腸躁症 / 濕疹
Culturelle Kids Chewables Culturelle Kids Packets	L. rhamnosus GG	感染性腹瀉 / 抗生素引起的腹瀉 / 功能性腹痛 / 腸躁症 / 院內感染 / 濕疹
Dentaq Oral and ENT Health Probiotic Complex	S. salivarius BAA-1024 L. plantarum SD-5870 L. reuteri SD-5865 L. acidophilus SD-5212 L. salivarius SD-5208 L. paracasei SD-5275	口腔健康
Florastor	Saccharomyces boulardii lyo	感染性腹瀉 / 抗生素引起的腹瀉 / 預防由梭菌屬細菌引起的腹瀉 幽門螺旋桿菌：附加於標準療程之上
Lacidofil	L. rhamnosus R0011 L. helveticus R0052	濕疹
Nestle Gerber Soothe Colic Drops	L. reuteri 17938	反胃與腸胃道活動能力 / 胃絞痛 / 感染性腹瀉 / 抗生素引起的腹瀉 / 便祕 / 功能性腹痛 / 腸躁症 / 濕疹
OralBiotics（BLIS K12）	Streptococcus salivarius K12	口腔健康
Pedia-Lax Yums	L. reuteri DSM 17938	反胃與腸胃道活動能力 / 胃絞痛 / 感染性腹瀉 / 抗生素引起的腹瀉 / 便祕 / 功能性腹痛 / 腸躁症 / 濕疹
UP4 Junior	B. lactis UABLA-12 4.2B L. acidophilus DDS-1 0.8B	濕疹
VSL#3	L. acidophilus SD5212 L. casei SD5218 L. bulgaricus SD 5210	感染性腹瀉 / 潰瘍性大腸炎：附加於標準療程之上
	L. plantarum SD 5209 B. longum SD 5219 B. infantis SD5220 B. breve SD 5206 S. thermophiles SD5207	功能性腹痛 / 腸躁症
添加益生菌的保健食品		
DanActive/Actimel	L. casei sp. Paracasei CNCM 1-1518	感染性腹瀉 / 幽門螺旋桿菌：附加於標準療程之上 / 常見感染性疾病
Nestle Gerber Extensive HA Formula	B. lactis BB-12 DSM 10140	抗生素引起的腹瀉 / 常見感染性疾病
Nestle Gerber Good Start Gentle for Supplementing Formula	B. lactis BB-12 DSM 10140	抗生素引起的腹瀉 / 常見感染性疾病
Nestle Gerber Graduates Soothe Infant and Toddler Formula Nestle Gerber Soothe Infant Formula	L. reuteri protectis DSM 17938	反胃與腸胃道活動能力 / 胃絞痛 / 感染性腹瀉 / 抗生素引起的腹瀉

Q 35.
孩子腹瀉時，我應該給他益生菌嗎？

我們建議你在孩子腹瀉時，給予合適的益生菌。

所有有助於健康的益生菌研究案例裡，治療腹瀉的研究是最多也最清楚的一種。一篇有系統的文獻指出，參考一系列雙盲對照組的研究發現，使用 GG 鼠李糖乳酸桿菌（Lactobacillus rhamnosus GG；LGG 菌）治療急性腹瀉，能顯著地減輕幼兒症狀和減短腹瀉時間 [11]。簡單的說，就是吃了益生菌會比較快好，腹瀉的情況也能減緩。益生菌能有效治療孩童因輪狀病毒感染所造成的急性腸胃炎。

我們不太清楚益生菌實際上是如何減輕腹瀉的症狀，有可能是益生菌透過減少炎症反應，同時在腸道裡搶走病原體所需的養分、生活空間來改善腹瀉。其他包含尼氏大腸桿菌（E. coli Nissle）等的益生菌，則會主動與侵入腸道引發腹瀉的那些病原體競爭 [12]。這種益生菌將隔絕病原體生長所需的鐵質，使其無法生長。因此當你覺得快要被感染時，食用這種益生菌可能會是有效的。然而，尼氏大腸桿菌的益生菌商品已經在歐洲和加拿大販賣，美國卻買不到。

總之，答案是明確的。大部分的臨床醫師在你的孩子腹瀉時，應該建議使用益生菌來治療 [13]。

Q
36.
如果我的孩子服用了抗生素，
是否也應該服用益生菌？

腹瀉（特別是在幼兒族群）是一種服用抗生素後的常見副作用。好在某些益生菌，如GG鼠李糖乳酸桿菌（Lactobacillus rhamnosus GG; LGG菌）能協助減緩症狀。但是請留意，其他種益生菌對緩和抗生素所帶來的副作用則無效。目前LGG菌是唯一一種臨床證明有效的益生菌。這種益生菌幾乎在任何大型藥局都能買到（不需要處方箋），同時也是許多益生菌複方的成分之一，但你得特別看清楚成分標示。因為成分中寫著「含有乳酸桿菌」不代表這一定是LGG菌。

另一方面，優格也被發現能減緩腹瀉。羅布的許多同事，如在賓州州立大學的傑仁‧瓦那馬拉博士（Dr. Jairam K. P. Vanamala）曾提及，優格在印度的傳統裡，不只是被用來治療小孩和大人的腹瀉狀況，有時還可以預防腹瀉發生。

你可以在孩子的食物裡添加益生菌，來抵禦在使用抗生素後腸道被酵母菌增生的現象。但我們不建議使用像是布拉酵母菌（Saccharomyces boulardii）這類的益生菌酵母物種，因為這類菌種不帶有在使用抗生素後，能重建微生物平衡的細菌。

羅布喜歡吃優格（小心地避免裡面有很多糖或是人工甜味劑的那種），並鼓勵女兒一起吃，特別在她必須服用抗生素的狀況下。她特別喜歡在優格裡加上蜂蜜，蜂蜜裡本身帶有抗菌屬性，可以對抗一些快速增生的壞菌，如鏈球菌（Streptococcus），這種壞菌會在施用抗生素後攻占人類喉嚨。

Q 37.
益生菌優格可以治療尿布疹嗎？

可以。我們的同事芮秋‧瓊斯博士曾說過一個有趣的故事。當她女兒起了嚴重的尿布疹時，她嘗試了各種方法。她把寶寶的尿布脫掉，使紅通通、碰了還會發燙的小屁屁可以通風。沒有任何一種開架式的軟膏能改善狀況。芮秋的媽媽教了她一種傳統療法──輕輕攪拌過的蛋白和優格。存疑的芮秋還是願意一試。當她把蛋白塗在女兒的屁屁上時，蛋白看起來就像被煮過，形成一層乾燥的平滑表面，像是第二層皮膚。這方法立即見效，尿布疹馬上轉好，並在三十六小時之內消失無蹤。芮秋的兒子出生時，她混用蛋白和優格來治療他因鵝口瘡造成的皮疹。芮秋在換尿布時，一次塗蛋白、一次塗優格的交替使用，很快地就好了。

類似的故事也發生在傑克身上（如前面提過）。在接受了一連串抗生素療程之後，他的兒子狄倫開始腹瀉，還長出嚴重的尿布疹，最後演變為鵝口瘡（一種念珠菌感染）。如前文中所建議的，一種做為益生菌的乳酸桿菌，像是 LGG 菌可以大致減緩症狀並快速痊癒，還能壓抑腸道中的酵母菌感染。你也可以在尿布疹的患部（直腸附近和臀部）塗上一種益生菌優格，減緩皮膚上的念珠菌（Candida）感染。

狄倫的父母試了類固醇軟膏，想除去念珠菌感染，但是無效。回頭想想，這蠻合理的，因為類固醇會壓抑免疫力，應該要用來治療濕疹和其他非感染型皮膚病，不適用於感染型的皮膚病上。用了優格療法以後，幾天之內尿布疹便漸漸消失。顯然我們不能簡單的以

幾個事例，就用同樣的結論看待尿布疹和所有的孩子。也許類固醇軟膏的效力較慢，又或者狄倫是自己復原的。這也就是為什麼需要更多研究，用控制實驗變項的方法來測試各種新奇療法的有效性。也只有這樣，我們才能知道哪些療法真如傳說中那樣有效。

Q 38. 什麼是益生元？它們有什麼功效？

益生元指的是可以影響腸道細菌的食物、食品成分或添加物。益生元選擇性地刺激結腸中一種或是數種細菌的生長和活性，在定義上是一種無法被消化，卻可以促進健康的物質。

益生元通常是纖維化合物或寡糖，那類像是纖維素所組成的植物細胞膜質、孩子不能消化的成分，最後被推入腸道底部或大腸裡。益生元被腸道底部的微生物發酵，產生其他化學物質，其中如短鏈脂肪酸（SCFAs）等成分，則對身體有益。常見的益生元包含低聚半乳糖、果寡糖或乳果糖 [14]。當你為孩子選用的益生元，能順利地被益生菌消耗掉的話，益生菌則會增加並順利地在腸道中生長。

每當我們開始探究益生元的潛在好處時，就會發現以正確的先質（precursors）來餵食孩童腸道微生物，也會增進腸道新陳代謝的能力。這樣的概念同樣能運用在寶寶消化母乳的狀況下：母乳寡糖的產生正是為了要餵養發展中的微生物群系。孩子的微生物會製造活化免疫、神經系統和荷爾蒙的代謝物，這對維持他們的健康來說相當關鍵。餵飽這些微生物所需的養分，就能生產對孩子有益的代謝物。

事實上，大部分的美式和許多歐式飲食裡面的膳食纖維比例極低，這或許能解釋現下社會裡，免疫疾病和行為障礙快速增加的原因。或許我們一直沒有「餵對食物」給孩童的微生物群系吃，微生

物群系就不能製造正確的化學物質讓身體健康，甚至使大腦接連受害。

那如果我們在孩子的飲食中加入膳食纖維呢？這樣應該可以改善情況吧。廠商不斷地開發像是菊糖（inulin）之類的產品做為食品添加物。菊糖是一種天然生成的寡糖，由許多植物（尤其是菊苣）中萃取而來。這麼一來食品製造商便可以標榜添加纖維成分，所以比較健康。問題是在製造過程中，許多這類產品（包含菊糖）的效力都可能流失了。針對不同的食品添加物所做的極大量研究，都沒能找到證據支持他們所聲稱的效力。無論如何，最好能增加天然食物的攝取量，裡面含有天然的益生元包含全穀類、豆類、葉菜和像是覆盆莓等水果。

更重要的是，寡糖不是唯一一種益生元，還有許多其他的分子能影響孩子的腸道微生物並增進健康。好比說，薑黃的活性成分薑黃素，被腸道微生物代謝後，能產生減緩炎症反應的化合物[15]。抗癌藥物環磷醯胺與益生元同時施用時，能協助身體提升免疫反應抑制腫瘤。又例如小檗鹼，一種淺黃色的物質，存在於俄勒岡葡萄、樹薑黃、金印草等許多植物中，能改變腸道微生物代謝，降低肥胖症和第二型糖尿病風險，但目前只有在動物身上管用[16]。

未來，我們期許能藉由添加對的益生元來協助特定細菌生長，幾乎就像是為你的微生物群系施肥。有些公司聲稱他們已經在提供這樣的商品了，但他們所提供的絕大多數證據，都沒有嚴謹到可以發表在科學期刊上。如我們預測，益生菌將會和益生元一起，在臨床上發揮革命性的影響力。

兒童日常飲食 ————

Chapter 8

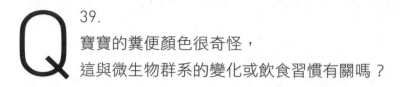

Q
39.
寶寶的糞便顏色很奇怪，
這與微生物群系的變化或飲食習慣有關嗎？

這是個迷人的問題。腸道微生物群系和糞便滯留體內時間長短有關，因此微生物群系的變化和糞便的狀態（依照布里斯托糞便量表的測量方式，判斷糞便的形狀及濃稠度）影響著彼此[1]。但我們仍不清楚，到底是微生物群系在控制糞便（如通過身體的速度和糞便成分），還是糞便造成微生物群系內部的改變？

無論如何，我們知道糞便的顏色與通過時間有關。糞便的顏色多來自膽汁，這些由孩子身體生產又黃又酸的液體，流進腸道協助消化。細菌分解這些酸性物質時，改變糞便的顏色。糞便顏色呈現偏黃時，代表食物很快地通過腸道，膽汁酸無法馬上被分解。當食物慢慢地抵達腸道時，細菌則有較多時間分解膽汁酸和消化食物，糞便將變得比較綠一些，當身體運作正常時，糞便會再經過消化系統加工，呈咖啡色。

你還記得最後一次嘔吐的情況嗎？吐到胃都空了時，看到一大堆黃色的東西，就是高濃度的初級膽酸（primary bile acids）。寶寶的大便也是這樣。黃色大便表示裡面有較多未消化的膽汁酸。母乳寶寶的大便通常很黃，配方奶寶寶的則較咖啡，也比較糊些（由此可知配方奶在體內通過的時間較母奶慢），之後吃固體食物時，糞便的狀況會變得很不一樣。

那怎樣算是奇怪的顏色呢？有些糞便顏色的確可以做為健康警訊。白色是感染的警示，紅色和黑色是指糞便中含血，如果只出現

一兩次顏色異常的便便，可能無須擔心。但如果接連發生好幾次，你該盡快連絡小兒科醫生。

在美國每年約有四百名新生兒膽道閉鎖，此種較嚴重的情況發生於肝臟的膽汁管發展異常時。寶寶的便便呈現很淡的黃色或是粉灰色。最近約翰霍普金斯大學的研究員開發了一個叫做PoopMD+ 的智慧型手機應用程式，當父母親察覺有異時，可以將寶寶尿布裡的糞便拍照上傳[2]。專家會檢視照片內容並做出初步的判斷。修護膽管的手術通常建議在出生後一個月內進行。

食物也會改變寶寶糞便的顏色。羅布的女兒在吃了甜菜根之後拉出警報響起的紅色便便，但既然全家人吃了一樣的食物，不是只有女兒拉出紅便便的話，就沒什麼好擔心。有些食物的顏色會留在寶寶糞便裡，如果他們吃了很多糖果，喝了含人工色素的飲料，也會讓便便五顏六色。

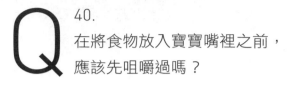

Q 40.
在將食物放入寶寶嘴裡之前，
應該先咀嚼過嗎？

　　許多母親會在將食物餵給寶寶前，先嚼一嚼，主要是為了將食物軟化並降低寶寶被噎到的風險。在奈及利亞餵寶寶的食物，有八成都先被嚼過，在美國有七分之一的照顧者表示他們有先嚼過食物，其中大部分是非裔美國人。

　　在寶寶滿六個月後，純母乳已經無法滿足營養需求，但他們也還沒有辦法吃成人的食物，大約得等到兩歲左右長好牙才行。這樣就有好長一段時間得混合、切碎、壓泥，或是把食物搗爛給寶寶吃。又或者，你可以先嚼一嚼。

　　這樣做對微生物群系沒什麼不好。事實上，預先嚼過的食物能協助增強寶寶的免疫系統[3]。首先，預先咀嚼啟動了消化歷程，減低食物成分引起孩童過敏反應的可能性。許多食物引起的過敏，是由於免疫系統對食物中未消化的蛋白質有了反應[4]。再者，這樣做會將複雜的微生物從你口中帶入食物裡，可能刺激孩子的免疫系統。然而，這些只是推斷，沒有科學證據直接證實，預先咀嚼過的食物在免疫上的優勢。

　　萬一你患有某種口腔疾病，像是牙齦長瘡或出血、口潰瘍，或其他感染，那當然不該先咀嚼食物再餵給孩子。請善用你的常識判斷。

Q 41.
我該給孩子膳食補充劑嗎？
例如兒童維他命咀嚼錠？

現今有很多小孩早餐時會得到一錠（小熊或是其他卡通人物的形狀）綜合維他命。父母把一天一錠當作是對付營養素缺乏的保險。（實際上，大部分成人也因為一樣的想法吃著維他命）但如果你和孩子每天都能吃進健康的食物，你們真的不需要膳食補充劑。

父母最常問我們的問題，莫過於該不該讓孩子吃含有糖分或人工調味的維他命。老實說，精製的糖和其所衍生的糖精應該要盡可能地避免，但這些產品中所含的量極小，不太有影響。

如果你的孩子飲食不夠均衡，那維他命和礦物質補充劑當然可以協助提供適當的維他命。過去英國人曾被稱為「萊姆士」（Limeys），因為英國水手在船上都曾食用 limes （萊姆）補充維他命 C，預防壞血病等疾病。所以當孩子可能因為飲食問題營養不良時，當然需要有所行動。你應該先改善孩子的日常飲食。

另外同樣重要的問題是：過量的維他命、礦物質補充劑會對人體造成傷害嗎？我們知道孩子的微生物群系特別容易受到干擾，營養不良會對微生物群系和健康帶來長期的影響 5。總之，我們不清楚過量的補充劑會對腸道帶來正面或負面的影響。雖說如此，有些補充劑吃太多真的會中毒。譬如，脂溶性維他命如維他命 A，在高濃度時是有毒性的。極地探險者有時在吃他們的犬隻的肝臟之後，死於維他命 A 中毒。（肉食性動物的肝臟內有高含量維他命 A）。維他命 D 也是儲存在脂肪裡，並會導致中毒。低劑量的多種礦物

質，同樣是人體不可或缺的營養物，但在高劑量時卻有毒（如鋅和硒）。所以你千萬不要以為多吃就會更好，應該要向醫生諮詢你使用的補充劑種類和劑量。切記，比起你，寶寶更加敏感。對成人都可能有毒性的物質，是絕對不該給寶寶食用的。

　　維他命和礦物質補充劑的確可以為營養不良的孩童補充營養。營養不良、偏差的飲食缺乏適切養分，會對免疫系統造成負面影響，增加各種感染的可能性。許多與炎症反應有關的代謝性疾病，造成許多小孩在很小的時候就患有糖尿病和心血管疾病。比起營養較好的孩子們，營養不良的微生物群系發展較慢[6]，製造的維他命、重要的胺基酸都更少，日後反而得在飲食中多加補充。

Q 42. 什麼樣的固體食物最適合一歲以下的嬰兒？

　　傑克童年時，很喜歡吃母親做的肝臟泥配蜂蜜，但現在的他實在無福消受。羅布的母親特別崇尚綠色植物，在特殊節日裡，還喜歡煮豌豆（至今仍是他最喜歡的蔬菜之一），他也喜歡葉菜類蔬菜，但不包含莙薘菜（aka Swiss chard），就算是剛從菜園裡現採的也不喜歡。羅布的女兒一歲時曾經喜歡過橄欖，但現在她總大聲地抱怨，還把橄欖挑出來不吃。

　　寶寶在開始吃固體食物的轉換期（六個月左右）時，教養手冊滿布添加輔食的建議。我們曾嘗試許多東西，包含雞肉泥、蔬菜和穀物。傑克和太太在家時，通常會用新鮮的水果和蔬菜，製作泥狀的寶寶食物，偶而才會給寶寶加工過的嬰兒食物。這樣的選擇純粹取決於個人喜好，我們其實也不知道那些寶寶罐頭裡面的防腐劑和食物增味劑，會有什麼影響。

　　為了使孩子的腸道微生物群系健康發展，建議你給孩子吃很多不同的蔬菜。甜菜、紅蘿蔔、玉米、花椰菜和豆子都含有纖維質，和結構複雜、難以消化的碳水化合物，他們能使細菌發酵，並生產協調免疫反應的化學物質。新鮮的水果也是很好的營養來源，這些水果裡的養分在母乳裡是找不到的。蘋果、梨子和香蕉能協助建構寶寶的微生物群系，並可能協助新的細菌進入寶寶的腸道中。

　　在嬰兒期就可以添加刺激免疫系統的食物，減低對食物過敏的風險。例如：研究發現食用花生點心的以色列孩童，過敏的比例比

那些不被允許吃花生的孩子來得低。（更多內容請參考下節，有更多花生過敏討論。）

輔食階段對食物的選擇，無非受到你個人的口味、常識，和家庭飲食傳統的牽引（順帶一提這會是很有趣的經驗）。雖然我們總是建議讓孩子遠離精製糖，但是偶爾一點巧克力或是冰淇淋卻無傷大雅。優格是很好的選擇，但盡量給小孩原味優格，避免調味優格，以免養成偏好甜食的習慣。最重要的是，家庭和文化傳承了對食物的偏好。嬰兒在一歲時，就已經感受到社群對食物選擇的影響，寶寶已經慢慢的明白和誰在一起吃飯時，會吃哪些食物。所以請特別留意你所吃的東西和場域，寶寶一直在看著呢。

Q 43.
微生物群系是如何影響孩子的食物過敏呢？

現今食物過敏的情形越來越普遍。你可能都不太記得在幼稚園或小學階段，哪些朋友有食物過敏的困擾，但如今，這狀況完全改變了！今日的教室裡布滿標語，裡面寫著「零堅果區域」和「注意！我對食物過敏」、「不要隨便餵我」。在過去十年間，食物過敏攀升了兩成，其中十八歲以下的孩子中，每 13 位就有 1 位過敏，算起來差不多每間教室裡，就有 2 位對食物過敏。

為什麼食物敏感性（food sensitivities）和食物過敏（food allergies）增加了呢？首先，讓我們來看一下定義。當免疫系統在食用某種食物不久後，對其成分（通常是蛋白質）產生激烈地反應，就是食物過敏。身體將蛋白質誤判為外來的或危險的成分，所以引起發炎，並釋放抗體來破壞或中和它。結果可能引發皮疹、蕁麻疹、噁心、胃痛、腹瀉、呼吸困難、胸痛、舌頭腫脹，或最糟的情況是氣管腫脹。常見的食物過敏質原有花生、牛奶、堅果、貝類、黃豆、小麥和蛋。

食物敏感則較為和緩，在吃了某特定食物過敏原的三天內，你的寶寶可能會感到焦躁或噁心，並有脹氣、痙攣、腹瀉或胃灼熱的跡象。他們也可能受蕁麻疹、腫脹和瘙癢所苦。最佳治療食物敏感的臨床建議，就是避免食用那些使你過敏或敏感的食物。舉例來說，如果你的孩子對牛奶有不良反應或是乳糖不耐，就別給他喝牛奶或任何乳製品。當然，跟孩子有關的事情總是不容易做到，一般的食物成分複雜，常含有許多過敏原，使得出外用餐成為惡夢一場。

但若持續地給孩子「有敏感反應」的食物（一點點），他是有機會慢慢減敏的。簡而言之，孩子能在成長過程中，漸漸克服許多過敏原。有高達 87% 對牛奶過敏的孩子，在三歲以前減敏。有些過敏症專家稱之為「自發性的減敏作用」（實際上並不是真的「自動」發生），而是隨著孩子自然地發育成熟、微生物群系改變便發生了。問題是該怎麼促成？如何加速這早晚會發生的減敏作用呢？又如何才能讓持續過敏的孩子減敏呢？

在食物過敏的討論中，腸道微生物扮演的角色逐漸成為焦點。我們的身體是從海量的微生物進化而來，這些微生物在適應過程中，發展出溝通和合作的方法。例如有些微生物的任務是發酵食物中的纖維質。發酵過程中，製造、控制腸道炎症反應的分子或代謝產物。我們給牠們一個家和纖維質吃，牠們則給我們強壯的免疫系統，多麼美好的共生例子。

但是現代社會生活型態，破壞了這美好的願景。一旦孩子服用過多的抗生素，或是過度清潔他們的生活環境時，那些負責照料免疫系統的微生物就蕩然無存了。少了這些微生物和牠們的產物，免疫系統就無法控制炎症反應，導致過敏和敏感症狀。

要確保寶寶和幼兒有能力控制炎症反應，就讓他們接觸多元的細菌世界。訓練他們的免疫系統去辨識自己和他者的區別，並且提升他們控制炎症的能力。

再來討論食物本身。花生和某些食物含有促炎的過敏原。有些孩子的基因對食物敏感，但大部分對食物過敏的孩子，單純是因為腸道中微生物失去平衡，也就是那些壞菌多於好菌，或好菌不夠多。最重要的是，高脂肪和精糖的飲食很可能抑制住大量能控制發炎的微生物。纖維的來源包括水果，特別是香蕉、生菜沙拉、紅蘿蔔

和其他蔬菜。少了適量的纖維，孩子的免疫系統就無法被抗炎細菌正確調整。反之，這會開啟一場錯誤、全面性對抗食物過敏原的攻擊。

寶寶的腸道，也可能是過敏的主因。有些孩子消化食物的能力遲鈍或是緩慢。如果他們的微生物群系早已被干擾，吃下去的食物可能無法被正確地分解。消化減慢的結果，會導致食物成分的累積，擾亂腸道並引起敏感或過敏反應。雖然，其他消化不完全的食物也可能在進入大腸時造成問題，但更要注意消化不完全的蛋白質，會生成較大的蛋白質碎片並觸發免疫反應。

改變食物的準備方式，也可以避免觸發過敏。蛋白質在液體、可溶解的狀態下較容易引起不耐症，但某些特定形狀的蛋白質，如炒花生易增加敏感反應，並引發包括蕁麻疹、瘙癢，甚至會嚴重腫脹等症狀。因為固體、顆粒較不易被胃和小腸完整地分解，這些反應都是為了要對抗發炎產生。

時機點也很重要。研究將四到十一個月大的嬰兒分為吃花生與不吃兩組，直到七歲 [7]。經由皮膚測試發現，有些孩子對花生敏感，但不完全是過敏。在研究進入尾聲時，發現吃花生的孩子（包含原本對花生敏感的），都較不易對花生過敏。

在以色列，孩子從很小就開始食用一種叫「邦巴」（Bamba）的花生零嘴，幾乎沒有對花生過敏的案例。美國小兒科學會最近更改了一項建議，與其避免潛在的過敏食物，現在他們推薦將這類食物早點放進孩子的餐盤中。尤其是經由皮膚接觸到蛋白質引起過敏的機率，比吃進去的蛋白質要高許多，所以應該要在孩子全身塗滿花生醬之前，儘早給他們吃花生醬。

你一定很想知道，到底該如何避開食物過敏和敏感症？怎麼做才能保護你的寶寶？曾經一度受過敏專家喜愛，也較為盛行的策略為：在皮下注射劑量漸增的過敏原（例如牛奶或花生蛋白質）建立耐受力，但是這成功率很低，而且可能致死。一件發生於九〇年代的死亡事故，終止了這種做法。根據一位過敏專家暨芝加哥醫學大學小兒科助理教授克莉絲汀娜・依・喬邱博士表示：「以注射為基礎的減敏方法（用在小孩身上）的風險，遠遠超過任何益處，也因此沒有用在臨床實踐。」

在過去的十到十五年間，另一個口腔減敏方法開始風行，成功率大約有五成到七點五成。做法包括將食物加在口腔黏膜上，以用來刺激孩子的免疫反應。食物被塗在臉頰內側和舌頭上，同時孩子被要求不能吞嚥，食物才能在嘴裡停留得久一些。雖然這方法聽起來很簡單，但僅能在醫生的監督下操作。因為對特定食物相當過敏的孩子，可能會在過程中發生過敏性休克，你不會想要冒這個險的。

許多研究員嘗試用益生菌治療食物過敏，測試的結果大相逕庭。這結果不是太令人驚訝，畢竟那些臨床樣本之間的差異性很高，包含實驗的設計和分析方法都不同。但結果似乎指向，孕期間或產後不久的母親們，若食用某些益生菌（如嗜酸乳酸桿菌和雙歧桿菌），她們的嬰兒為反應過敏而產生的抗體數的確較少[8]。

事實上，我們才剛開始瞭解該如何治療食物敏感和過敏，在未來很有可能會發展出一種合併刺激口腔（在早期餵食過敏原）和施予益生菌（如 LGG 菌）的方法。當過敏已經發生時，我們是否還能用這方法來治療它，也還是未能解答的問題。目前未有信度高的實驗檢視其可行性。但正如同我們一再強調的，這是個正在進行的研究領域。我們希望能擺脫那些在教室裡的標語，揮別食物過敏和敏感症。

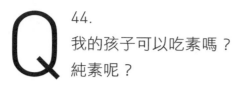

Q 44.
我的孩子可以吃素嗎？
純素呢？

從微生物群系的角度來看，這應該是沒問題的。蛋奶素（不吃肉）和純素者（完全避開任何動物相關產品）的微生物群系，與肉食者、雜食者顯著的不同。根據最新的研究，我們不清楚肉類食物中有哪些營養成分是健康的腸道所必需的（純素飲食習慣者，常被認為缺乏維他命 B12，需要用其他方式補充，例如從酵母萃取）。我們只知道腸道微生物所帶來的益處，與纖維質的代謝過程有關，而纖維正是素食和純素飲食裡的主要成分。實際上，純素與素食飲食習慣最主要且明確的益處，正是因為造成炎症的細菌種類變少，較為健康。

缺少所有動物性蛋白的飲食習慣，如何影響孩童早期的生長和發展仍是一個活躍的研究領域。這樣的飲食方式必須要小心觀察，以避免營養不良引發的疾病。

素食可能是個更健康的選擇，但傑克和羅布因為口腹之慾，都還在吃肉。因為「肉很好吃」就給孩子吃肉，不會對微生物群系造成什麼傷害。

結論是：素食沒有健康上的疑慮；同樣的，吃肉，特別是魚和雞肉，也不會引起微生物群系方面的健康問題。

Q
45.
什麼是小孩版的原始人飲食法？
這樣的飲食方式對他的微生物群系有好處嗎？

原始人飲食法的前提是避開任何加工過的食物。這就意味著幾乎所有給孩子吃的食物，都該避免像是麥片、通心麵和起司、花生醬、果凍那類東西。羅布或傑克的小孩都沒有依照原始飲食法，主要是因為挺麻煩的，而且我們不認為值得這麼努力實行。

羅布也研究許多以傳統方式生活的人，像是居住在亞馬遜雨林的亞諾瑪米人（Yanomami）和馬瑟斯人（Matsés），還有在塔尚尼亞的哈札人（Hadza）的微生物群系[9]。這些主要遵照石器時代飲食方式的群體之間，其飲食習慣還是有很大的不同。他們的食物迥異於任何能在超市買到的東西。我們在過去數千年的耕作歷史中，廣泛地改造農作物和動物，如今食物與其野生原始的樣貌極不相同。體積大小和口味早已改變（大抵來説是件好事），且化學成分也變得各不相同（是好是壞較難定論）。甚至我們所吃的肉，其化學成分也完全不同以往。例如，今日販賣的肉比野生肉品含有更多奧米加六（omega-6）脂肪酸，同時含有較低含量的奧米加三（omega-3）脂肪酸。再説，你上次吃到剛被宰殺的新鮮動物內臟，像是腰子或胰臟是多久以前的事？更別提內臟裡的東西了。此外，真正的原始飲食是相當季節性的。譬如對哈札人來說，蜂蜜是每年特定時間的重要飲食，他們同時吃下蜜蜂的活幼蟲（羅布於 2014年在坦尚尼亞與哈札人工作時，有幸品嘗到這食物）。這説明了在可行的情況下，攝取豐富多元的蔬果、食用動物（以天然食品維生的那種）確實很好。但我們不該自欺欺人，現在不論怎麼做都很難

吃到狩獵、採集者祖先當時吃的食物。

　　雖說如此，你可以在住家附近雜貨店取得原料，進行原始（或類似）的飲食法，從微生物群系的角度來看，是沒有什麼健康顧慮。如同蛋奶素和純素餐飲，原始飲食由新鮮蔬菜中提供大量的纖維質，外加肉、魚，和蛋所提供的動物蛋白質。但忘了起司吧，農場的起司是個例外，這種食物仿效哺乳期的年幼動物胃裡的成分（狩獵採集者視為珍饈）。橄欖油、水果，和堅果也都是很好的食物。這並不是說我們的孩子沒有吃這些東西。他們當然吃。但同時他們吃了很多較不健康的食物，像是小熊軟糖。

Q 46.
怎麼吃對孩子的微生物群系最好呢？
我能引誘挑食的孩子喜歡這些食物嗎？

纖維質在成人微生物群系裡發揮了最大的影響力（特別是不易消化的碳水化合物），因此基本上應該要吃很多的蔬菜和葉菜類植物，斷奶後的孩子也一樣。但要是挑剔、固執的寶寶只願意吃沒味道的食物？綠色的不要、軟軟的不要、要咀嚼的也不要？有顆粒在裡面的東西，像餅乾裡的葡萄乾？不要！或是在盤子裡碰到另外一道菜，也不要？實際上該怎樣讓孩子吃這些健康的食物呢？

傑克的朋友和同事們認為，提早在孩子的餐飲添加富含纖維的食物，就能讓他們的味蕾早點習慣。傑克的兩個兒子都很愛花椰菜和青豆，其中一個還很愛豌豆（有時能被哄著吃點生菜）。然而，要他們吃其他食物都像打仗一樣。傑克經常旅行，也喜歡帶著孩子一起。當他們到了一個陌生國度，男孩們就得有什麼吃什麼。在中國只吃簡單的麵和飯，有一次來自哈尼族的女士從街上抓了雞、拔了毛、去內臟的現場宰殺，然後在這些嚇傻的男孩面前煮了牠。他們仍然不情願地吃了。

但如果孩子特別容易受到垃圾食物吸引，你可以將部分的責任歸咎於電視廣告。一項最新的研究顯示，23 名八到十四歲的孩子被邀請來對 60 種食品評分，包括 30 種健康食品，和 30 種不健康的。他們被要求由食物外觀來評斷味道和健康程度，在下判斷的同時，研究人員以功能性磁振造影，捕捉他們大腦看到兩種食品廣告的改變。當孩子們看到垃圾食物廣告後，對食物的喜好隨之增加，同時觀察到關鍵腦區（負責做決定的部分）的活動。他們的大腦已

經被垃圾食物的圖片挾持了。這或許是美國心臟協會最近發布，有九成一的美國孩童沒有健康飲食習慣的原因。

傑克的兒子海登看似光靠大麥克和起司就能活下去，但這些高脂肪和糖分的食物都很糟糕。事實上，通心麵裡的澱粉只要碰到唾液中的澱粉酶時，隨即轉化成糖。那傑克還讓海登吃這些東西嗎？到頭來，他實在無法認同這樣的飲食習慣，便為兒子準備了均衡的餐點。海登很愛吃紅蘿蔔、生菜沙拉和很多種魚。問題是，餐廳裡的兒童餐普遍像是大麥克、起司這類食物，所以這變成孩子的膝躍反射，而不是真的非常想吃。如果能有更多樣化的餐點選擇，不只是漢堡、熱狗、大麥克和起司，和烤起司三明治該有多好。不過，這樣的地方在美國很難找。

世界各地的孩子，其實正在吃著令人難以置信的多樣化食物，鯡魚、泡菜、炸白蟻、剛被宰殺的羚羊腸子消化到一半的食物——任何你想到的都有可能。孩子們常常在嘗試了八到十五次後，才會接受一種新的食物。如何讓他們嘗試新食物，是一個我們都沒有答案的育兒考古題。也許有一天我們改變孩子的微生物群系，讓他們更願意放開心胸地嘗試新食物，但目前仍是做不到的。

47.
糖是如何影響孩子的微生物群系？

糖實在不是好東西，但真好吃。

我們的身體渴望糖。過去這很容易理解，因為含糖的食物不易取得。在狩獵採集時代，為了增加能量而尋覓蜂蜜和水果這些甜食。從演化上來說，因為嗜吃甜食的人已備妥能量供給，可能會生下更多的子嗣。換句話說，理論上愛吃糖的人生了更多小孩，致使人類這個物種傳承了嗜吃甜食的特質。我們接受了那份遺產，對糖的愛內化為人類心理的一部分，在孩提時更是如此。傑克的兒子一次能吃掉海量的糖果，現在仍使他驚訝不已。

但是高脂肪、高糖的飲食習慣無益於一個健康的腸道微生物群系。你需要纖維，而不是炸過的巧克力棒，或含糖量很高的果汁。構造簡單的糖（例如蔗糖）可能帶來令人驚訝的傷害。舉例來說，食用高單位蔗糖的小鼠，認知功能較不彈性。牠們在兩個觀念間快速轉換思考的能力受損，這樣的能力也就是常聽到的「多工能力」（Multitasking）。一種梭菌綱細菌（Clostridia）被發現與此有關，這細菌在小鼠吃了高糖和脂肪的食物之後顯著增加。重要的是，我們已知這些生物在腸道發炎時特別興盛。含糖的飲食習慣可能會降低孩子的思考能力，但是除了以上所提及的小鼠實驗以外，僅有另一項相關性證據指出，嗜吃糖的孩子注意力（attention spans）較短。

新生兒已具有準備要消化蔗糖的能力，這可能是因為母乳裡本

身就含有許多結構簡單和複雜的糖。嬰兒早期的糞便常帶有富含碳水化合物,與蔗糖新陳代謝相關基因的細菌。

肥胖的人類和家畜,體內常常有比較多又豐富的細菌,能分解結構簡單的糖類,可能是由於他們的飲食中較習慣吃到糖。利用這成分做為主要能量來源的細菌,可能只單純在腸道裡與之作用。不過,我們卻有證據說明這些細菌也會使體重增加[10]。因為飲食中過多的糖,使這些細菌在腸道裡大增,一旦變得過多便會改變身體儲存能量的方式。

糖也會影響口腔的微生物群系,促進那些能降低孩子牙齒上酸鹼值的細菌生長[11]。這也使孩子的口腔變得比較酸,造成牙齒琺瑯質受損。

那孩子到底該不該吃糖?當然可以,但請適量。攝取太多糖會引起肥胖症、發炎和發爛的牙齒。

Q
48.
可以透過改變微生物群系來控制孩子的體重嗎？

有可能唷，但是目前要找出具體做法還有點困難。

目前已有證據說明微生物群系會影響體重增加，有一部分是透過吃進去的食物獲取能量。但是微生物群系同時也會改變身體裡外的生理時鐘，特別是肝，進而改變身體儲存能量的方式。攝取過多的脂肪和糖，會造成腸道微生物種類變得單一，並喪失晝夜節奏。這些細菌物種導致輕微的炎症反應，也可能會釋放某些化學物質到孩子的血液裡，干擾肝臟的生理時鐘運作。這就表示肝與大腦以不同的方法感知時間。肝腦脫節將造成體內平衡失序，其中一個可能的結果就是增加脂肪儲存的量。

高脂肪和糖分的飲食，讓孩子的微生物群系更容易想要吃這類食物，同時增加對任何食物的渴望。我們不清楚這背後確切的機制，但我們知道免疫系統、微生物群系和大腦之間的交互作用，還有由腸道細菌所產生的神經遞質的平衡，似乎擾亂了正常的飢餓程度，導致較難感覺吃飽且增加對食物的慾望。既然食物的熱量很高，那小孩就更容易變胖，甚至會變得比較疲憊和憂鬱。因此，避免孩子過胖的當務之急，就是給他們吃健康的食物（且這樣的飲食習慣，會藉由他們的健康微生物發揮出許多功能）。

但如果你的孩子已經過胖了呢？他的體重一直增加或是厭食呢？這樣的話，可能就該動手改變孩子的微生物群系，你可以選擇糞便微生物移植法、益生菌療法，或嚴格地執行對飲食和生活習慣

的改變。

一項奇妙的案例提及，糞便微生物移植法使一位體重正常的女士，從過重的母親身上取來細菌後增加了重量。雖然這案例的信度不夠高（因為同時包含許多混雜的實驗設計變項），結果指向長期受到體重過低和厭食症困擾的人，或許能得到糞便微生物移植法的幫助。但我們仍需要進行實驗來了解更多。（關於這方面的研究成果，請參考在荷蘭的馬克思‧紐豆普博士 Dr. Max Nieuwdorp 和威利緬‧沃斯博士 Dr. Willem de Vos 的後續實驗報告。）容我們強調，美國食品與藥物管理局和美國腸胃學協會，同時公布對糞便移植法相當嚴格的規範，其中僅僅對艱難梭菌（Clostridium difficile）通過許可，此外都必須在非常嚴格的臨床實驗下進行。

近期以益生菌療法改變體重的研究，開始受到關注。至少在動物模型上，吃了高脂肪食物的小鼠在服用三種綜合益生菌後，減少一些重量。牠們腎上腺素的功能同時變好，但還不知道是否也能在過重的孩子和成人身上發揮效力，相關研究正在進行中。

最不具侵入性的控制體重方法，當然就是調整飲食內容。不過，當胖胖的動物靠飲食減重時，牠們的微生物群系仍標示著原有體重的記號，這麼一來即便成功減重過，一旦牠們再次開始食用高脂肪、高糖食物，將會比開始減重飲食前更容易增胖。事實上，一個飲食法成功的必要條件是維持這個習慣九個月，這段時間之後，微生物群系的肥胖標示系統才會開始衰弱，動物們比較不容易復胖[12]。我們知道兩隻擁有相同基因但帶有不同微生物的小鼠，對同樣的食物也會有不同的反應，而且這樣的現象可能也適用於人類身上。

很重要的訊息是，透過飲食法來控制體重，需要一定的時間才能

（較健康的）把負責增肥的微生物「餓死」。當牠們的數量降到一定以下（究竟是多少還不明朗，而且可能因人而異）才不易引起健康問題，也較不會導致肥胖症的發生。屆時，就算孩子偶爾吃吃油膩的食物或喝含糖飲料，也不容易胖起來。

最近我們有一位同事在研究患有罕見基因型疾病：普瑞德威利症候群（俗稱小胖威利症，英文名 Prader-Willi syndrome）的孩童體重增加和減少的情況 [13]。患有這類疾病的小孩會一直要吃東西，嚴重到會為了取得食物而傷害人。至今這類疾病被視為僅僅與基因有關，但他的研究提供了微生物也有影響的證據。十七位小胖威利症孩子被要求住院，並且只准食用富含不易消化的碳水化合物，主要是高纖維飲食。這方法使他們體重減少，並且戲劇化地改變了他們的微生物群系。舉例來說，他們製造更多的乙酸酯，（一種被其他細菌用來製造化合物的分子，這類化合物能使免疫系統平緩進而減少發炎）有趣的是，此研究結果也指出孩子控制食慾的能力增加，但還須進一步的研究來證實這項發現。

我們能協助孩子減重最好的建議（至少現在是），就是改善他們的飲食、控制食量。不同於小胖威利症的孩童們，大部分的孩子不會需要住院，但你必須成為一位嚴格的執行者。

Q 49. 基改作物、殺蟲劑和除草劑殘留物、人工甜味劑或內分泌干擾物如雙酚 A，會影響孩子的微生物群系嗎？

　　據我們所知，目前沒有證據能說明基改作物（為生產某特質而設計或操弄基因改造的生物）會以任何方式影響微生物群系。但是不同於基改作物，殺蟲劑和除草劑等化學藥劑可能會帶來傷害。高到一定程度的濃度時，會改變你腸道的微生物相。再者，有些作物的基因編程就能抵抗某些除草劑，因此他們常常會被灑上更多劑量。

　　一項史丹佛大學的研究發現，較常種植的食物中有 38% 含有可檢測的農藥殘留，而有機種植的作物中約 7%[14]。其他研究顯示，食用有機產品的孩子，尿液中農藥殘留較少[15]。然而，目前尚未有可信的研究探討農藥對人類微生物群系的影響。我們知道有研究針對砷（有機農藥）的影響，但結果沒有在經審查的期刊上發表。

　　另一方面，嘉磷塞（※1）是最常見的除草劑裡的主要成分，被發現與動物微生物群系的改變有關[16]。嘉磷塞是一種結構複雜的分子，在碳和磷之間有鏈結，這兩種都只能被某些特定的細菌裡的酵素降解，這些細菌能在不同環境（從海洋到人類腸道都有）裡找到。當這些細菌遇到嘉磷塞時，牠們斷開碳與磷的鏈結，並釋放碳分子和磷分子去攝食。當微生物變得很多時，過度生長的結果會造成腸道中的免疫系統改變，進而引起發炎，甚至可能引起乳糜瀉（celiac）。以上所提及的內容只是推測，仍需要在動物實驗裡釐清。

---

1. 嘉磷塞，其商品名稱為年年春（Roundup）、農達、好過春、家家春、治草春、日產春、好伯春、草甘磷等。

人工甜味劑是一個有趣的東西。傑克曾經一天喝掉八到十罐的減肥汽水。直到他發現有研究說減肥汽水對微生物群系和荷爾蒙多寡有負面影響，才改喝一般汽水[17]。例如，當小鼠吃進高油脂和甜味劑時，負責增肥和葡萄糖不耐症的腸道微生物大量增加。有趣地是，就算多種甜味劑之間化學成分相當不同，同樣的健康問題還是發生了，這說明了可能是甜味本身造成的問題。

這研究引導了一種可能性：規律地食用人工甜味劑，可能會促使控制腎上腺素分泌的荷爾蒙改變。同一項研究發現，人類腸道微生物群系裡也發生類似的改變，就會造成糖尿病。所以吃一大堆富含脂肪的食物，然後希望你的減肥汽水能發揮功能，實在不是什麼明智之舉。如果你要喝汽水的話，就喝那充滿糖的東西吧。但請記住，千萬別喝太多，當然是徹底不喝汽水最好。

最後，許多父母都很擔心一種叫做雙酚A（BPA）的化學物質，這東西在像是寶寶奶瓶等硬塑膠和大部分罐狀物品的內層會使用。它被廣泛應用於食品包裝行業、牙醫、眼鏡製造和運動器材、玩具和家用電子產品的製作過程，在環境和人體組織裡無所不在。他同時是內分泌干擾素[18]：一類干擾天然荷爾蒙的生產、分泌、運輸、動作、運行，和消除等功能的分子。孩子被曝露於大量的 BPA 之下。

微生物能做點什麼嗎？我們認為可以。當大鼠被餵食兩種在優格裡常見的菌種（短雙歧桿菌 Bifidobacterium breve 以及乾酪乳酸桿菌 Lactobacillus casei）時，他們尿液和血液裡的雙酚 A 濃度減低，而在糞便裡被排出的分量增加[19]。好似這些細菌在攝取雙酚A、儲存，最後以糞便的形式排出身體。

正在成形的證據表示，常見的益生菌如泡菜、康普茶中的細菌，

能將孩子體內的雙酚 A 清除，減少其所帶來的負擔。所以治療孩童體內雙酚 A 毒性的曙光，就是利用那些喜食雙酚 A 並由糞便排出的細菌。這方法可類比生物修復法，像透過快速生長的植物吸收有害的化學物質，例如砷。然後將它們採收、焚燒，這樣一來就安全的清除了。生物修復法最棒的地方，就是能「自然」清除有害的化合物。你最後只要按下馬桶沖水鍵就好。

兒童腸道————

Chapter 9

Q

50.
寶寶的腸道長什麼樣子？

單看腸道微生物的話，嬰兒和成人看起來根本是不同的物種。儘管在寶寶腸道中的大部分細菌會跟著他們一輩子，每種菌種的比例卻會大幅度地改變[1]。還記得我們提及人類腸道好比一個生態系統，像是雨林或大草原一般。隨著孩子成長，他們所吃的食物的類型改變時，他們居住的環境、對象都會影響這生態系統，同時系統裡的物種也會隨之改變。

如同我們曾指出的論點，生產方式會大幅影響寶寶最先獲得的細菌種類。自然產的寶寶會得到母親陰道的微生物，而剖腹產寶寶則以皮膚和嘴巴有關的菌種為主[2]。

寶寶的腸道微生物群系，很快地開始依照他們所吃的食物內容而改變[3]。四個月大的寶寶，體內細菌多以乳酸做為能量來源，且不需要氧氣就能生存。這說明了他們的腸道漸漸發展為無氧環境，裡面的細菌食用最主要的食物基質，例如：牛奶。

到了十二個月大時，隨著飲食習慣漸漸地與大人相似，通常開始被擅於食用纖維的細菌支配著。這些細菌為孩子的免疫系統，製造用來對抗炎症反應的化學物質。

我們認為一歲是訓練寶寶免疫系統的關鍵期，得準備好迎戰往後遇到的各種過敏原和抗體。因此，寶寶要擁有能製造特定化學物質的細菌，以協助身體來協調免疫系統對刺激物的反應。有趣的是一直到十二個月大時，還是看得出剖腹與自然產嬰兒的顯著

差異。剖腹產寶寶的腸道裡，有兩種喜歡吃糖又快速成長的菌種（taxa），牠的數量比陰道產寶寶來得多。

一到三歲是穩定孩子腸道微生物群系的關鍵時期[4]。（他們的大腦同時也正經歷著同樣關鍵的發展期。）三歲以後，腸道裡的細菌仍會不斷再生。不過意外的是，三歲以後儘管（在物種層次上）有著數不清的個體差異，微生物群系的整體結構卻不會隨著時間產生大幅度變化，仍保持得相當穩定。華盛頓醫學院的傑佛瑞・高登一世（Jeffrey I. Gordon）對 37 位成人進行了五年的追蹤研究[5]。一年之後，70% 的人腸道細菌和一年前一模一樣；60% 的人的腸道細菌，在五年間保持不變。

為什麼會這麼穩定？失去平衡的情況經常發生，但只要一個細菌消失了，另一個就會立刻分裂再補上。起初的變異性，大抵與嬰幼兒期快速變化的腸道生態系統有關，一旦此生態系統平穩後，變異性也跟著下降。若孩子有規律的飲食習慣，他們的免疫系統在一歲左右就發展好了。當你的孩子仍繼續取得不同的微生物時，生態系統卻維持穩定，也代表著新的細菌較難占領腸道。（這也是為什麼益生菌時常無效，因為他們少了起步時的立足點。）如同一個強健的花園，除非我們去除某些植物或有什麼劇烈的情況發生（例如乾旱），否則新的植物很難在此立足。

和其他人相比，你的孩子將擁有獨特且相對穩定的微生物組合。除非經歷什麼鉅變（譬如說，多次抗生素療程或顯著的飲食改變），腸道微生物群系原則上會保持不變；就算有，幅度也不大，仍分辨得出是這個人而不是另一個人的微生物群系樣貌。但若腸道持續受到干擾，且一個促炎性微生物占上風時，就會發展出持續性的生態失調。這對健康很不好，也不容易恢復。屆時需要外部的

協助，如抗生素和益生菌的療程，或用糞便微生物移植法來重置系統。請特別留意：這是針對嚴重疾病的治療提案，例如以微生物群系為基礎治療偽膜性結腸炎（C. diff infection）。這些較激烈的療法，一定要在醫生的監督下進行。

　　重要的是，縱然對孩子腸道微生物群系的發展有一定程度的瞭解，身體其他部位的微生物群系發展卻所知甚少。目前可供參考的研究不多，但一直有新的研究試圖解開謎團。我們假設皮膚、口腔和泌尿生殖器的微生物群系，其生命歷程比腸道微生物群系更早達到平衡。但隨著孩子的成長，經歷青春期和生活習慣的改變，這些還是會在孩子體內的微生物留下記號。

Q

51.
腸道微生物如何形塑孩子的免疫系統？

我們的身體是從一個充滿微生物的世界演化而來的。這些微生物圍繞在我們的身體裡面及表面，少了牠們，我們將無法存活。牠們負責的任務中最關鍵的一項，就是發展免疫系統的功能。有了功能正常的免疫系統，便能對抗疾病並確保所有元素都在正確崗位上，來進一步建構我們的微生物群系。

例如孩子腸道裡面，裹著一層厚厚的、像鼻涕一樣的黏膜層細胞。這滑膩的一層是一部分抗體的家，抗體是免疫系統重要的成分，通常與病原體表面結合，以辨識病原體並通知白血球細胞快來消滅病原。但得先解釋一下，大部分在黏膜層的抗體和孩子腸道裡的益菌連在一起，保衛著孩子的健康[6]。這些微生物以釋放這兩類腸壁上的免疫細胞，來調節孩子的炎症反應，基本上這兩類的細胞以相反的方式在運作著。一類促使發炎的細胞（TH17），另一類負責消炎的細胞是調節 T 系胞（Treg）。顯而易見地，你會希望（你和）小孩的 T 細胞保持愉快的心情。

好消息是孩子的腸道，帶有特別設計來餵食 T 細胞的細菌。我們先前討論過這類細菌，牠們使飲食中的纖維或是複雜的碳水化合物發酵，並釋放化學物質（SCFAs；短鏈脂肪酸）。當 T 細胞食用短鏈脂肪酸時，會釋出能阻止 TH17 細胞引起發炎的化學物質。很優雅的機制吧。

孩子的身體仰賴這些細菌的化學物質，來調節他們對過敏原和

抗原的反應，並且維持免疫系統裡的平衡狀態。倘若他們對一些刺激物過分反應，將會引起失控的炎症反應。敗血症就是在這樣的情況下發生的，不僅是孩童，成人也會需要住院。他們的免疫系統觸發了炎症反應，並引起白血球穿透組織、殺光入侵的病原體。如果免疫系統不被關掉的話，炎症反應將會占領身體致病人於死地。

孩子的身體若無法調解炎症反應，都將引發嚴重的慢性疾病，包括食物過敏、氣喘、還有自體免疫功能相關的問題，範圍由炎症性腸病、糖尿病到多發性硬化症都有可能。這所有的問題如今都被認為與腸道微生物群系有關。

腸道細菌也能組成複雜、難以被入侵的群體，使你和孩子較不容易感染。就像是在一座茂密的森林裡，而不是光禿禿的土裡種下一顆種子：對新的植物而言，很難在現有樹木遮蓋下找到立足點發芽。同樣的原則可以應用於微生物群系，厭氧微生物經歷歲月所發展出的複雜關係，不會留下很多開放的生態位讓新的微生物入侵。這生態排除原則不限於細菌，最新的研究發現，就連病毒都會先在腸壁內部占位置、等待時機，鼓動另一種糟糕的細菌感染你的身體[7]。這作法真酷：病毒攻擊侵襲者，並利用它來製造更多的病毒，直到這種細菌最後都死光為止。

Q 52.
微生物與孩子的腹瀉、便祕有關嗎？

有關。當孩子腹瀉時，糞便很快速地通過腸子。視病情輕重，幾乎所有東西都會被沖走，留下某些生態適應力很好的細菌[8]。沒有被沖走的腸道菌群，天生就有點特異功能。例如，牠們生長分裂的速度比被沖刷的速度還快，不但如此，還可以繼續攝食。另外，腹瀉降低腸道吸收糖分的能力，使整個腸道環境的糖分升高，那些以糖為食的細菌乘勢快速增生。

一種在大多數健康腸道中能找到的菌屬普雷沃菌（Prevotella），在腹瀉的攻擊之後快速增生，牠們特別喜歡食用腸道無法有效吸收、多出來的糖分。變形菌門細菌（Proteobacteria），如大腸桿菌（E. coli）也是這樣。雖然我們不清楚確切的機制，但這些微生物的增生會造成發炎，使孩子腹瀉更加惡化。還有些病原體，像是沙門氏菌（Salmonella）和霍亂弧菌（Vibrio cholera；引起霍亂的菌屬）會激發免疫反應，促使細菌的剋星——活性氧類（reactive oxygen species）增生，殺光鄰近的細菌，只留下沙門氏菌和霍亂弧菌毫髮無傷。

食物不耐或是脫水，或是輪狀病毒病原體，和鞭毛蟲等寄生蟲都有可能引起腹瀉。病原體藉由入侵孩子的腸道引起發炎或釋放毒素到他們的身體裡。腸組織接著開始腫起來，並殺死大部分正常的腸道微生物群系，造成水分、養分和糖無法穿過腸壁被吸收。

無論如何，最重要的是要避免脫水。你可以用口服的方式，如飲

用運動飲料。運動飲料裡面的糖能傳遞電解質、穿透腸壁上的細胞，取代那些在腹瀉過程中失去的電解質。你應該要用常識判斷，別讓孩子喝下好幾公升的運動飲料（一天一公升左右就很足夠），更關鍵的是同時需要鹽和糖，也就是說只給寶寶水（或牛奶）是不夠的。

大部分發生在孩童身上的腹瀉，幾天之內就能康復了，但萬一持續太久或變得很嚴重（或全家人都開始拉）就該去諮詢醫生，因為造成腹瀉的原因太多種了，有些相當的嚴重。

相對於腹瀉，雖然知道便祕患者的腸道微生物群系和沒有便祕的不同，我們卻不知道微生物群系在其中扮演的角色。便祕者的常見益生菌種（像是乳酸桿菌和雙歧桿菌）並沒有比較不豐富，這樣的話，益生菌優格可能也不會有所幫助。在對便祕的根本原因有更進一步認識之前，我們都無法給你任何建議。

Q

53.
該如何判斷孩子是否有滲透性腸道？
我可以修復它嗎？

當微生物（或牠的產物）從孩子的腸道脫逃時，天然的屏障受損，滲透性腸道就發生了。這屏障主要是由一層上皮細胞和稱為緊密連結蛋白質（tight-junction proteins）黏在一起形成的。當它變得脆弱或細胞受到破壞，微生物的化學物或蛋白質就會流出來。

滲透性腸道意味著：受損的腸壁細胞將與病毒蛋白質或微生物病原體交互作用，進而引起失控的炎症反應，再加上與毒素和其他因子的結合，破壞了腸道內膜的完整性。這都肇因於包覆腸壁的黏膜開始受到侵蝕。這層膜裡通常住著許多種的益菌，這些益菌與宿主的細胞合作密切，抵禦壞菌。同時也在腸道中住著負責控制細菌繁殖數量的免疫抗體。

當腸道內膜受損時，膜體所生產的細菌或其他化學物質較容易穿越並進入血液裡。在口腔健康與懷孕的章節中，我們曾提到細菌常滲入血液中，而且通常會被免疫系統處理掉。但如果有數以千百計的細菌細胞穿越孩子的腸壁時，將會引起腸壁裡巨大且失控的炎症反應，甚至是敗血症。進入血液中的微生物化學物質可能無害，也可以相當危險。像是細菌性的毒素會使孩子病得很嚴重。神經毒素如犬尿胺酸（kynurenine）會導致中樞神經系統失衡。研究仍在進一步了解詳細情況。

縱然小鼠實驗已證實，多種疾病都會引起腸道屏障受損、功能失調，類似的情況也發生在人類身上如肝衰竭，但「滲透性腸道」其

實是被用來比喻一種狀況，而非對生理疾病的診斷。在 1990 年代後期，「滲透性腸道」曾被認為與麻疹疫苗和自閉症有關，當時鬧得沸沸揚揚、爭議不斷，也因此這名詞對父母來說耳熟能詳，但實際上沒有證據指出麻疹疫苗和「滲透性腸道」有任何因果關係。

無論如何，倘若你的醫生對孩子腸道屏障的完整性有任何疑慮，有許多方法可以用來診斷是否有滲透性腸道。其中一種方法是抽血檢查，查探一種由某些菌所生產的，叫做脂多糖（lipopolysaccharide: LPS）的分子。若血裡有這種分子的話，就代表病原體細菌已經進入血液，並引起發炎。大部分腸道細菌不會製造脂多醣，若是有的話，那些細菌可能充滿威脅。檢測脂多醣的標準方法是進行腸道切片，觀察切片細胞。你當然不會希望科學家取下寶寶的切片，還是對小鼠做做就好。

另一種方法是吞下無法被消化的分子做為標記，接著觀察它是否（或以多快的速度）被尿出來。通常使用較大的分子如聚乙二醇（PEG）和較小的糖，像是乳果糖和甘露醇。這方法可能有個問題：腸道有時僅會洩漏小分子，而不是大分子。無論如何，根據能穿越屏障的分子大小，總會有辦法檢測出腸道滲透的程度。

有一種驗血方法，檢測解連蛋白（zonulin）與較差的障壁功能是否相關。另一種是為了找尋在正常狀態下，可以於腸道內運送脂肪酸的蛋白質，這種蛋白質只有在腸滲透的情況下才會被檢測出來。最後還有一個檢查方法。在糞便裡萬一發現鈣衛蛋白（calprotectin）亦即腸子發炎的指標，還有某種常見的血清蛋白（alpha-1 antitrypsin）的話，這些物質很可能是從血液跑進／滲透進腸子的。

所以如果你真的很想知道寶寶是否有腸滲透現象，使用小糖法

（以乳果糖和甘露醇測試）會是較好的選擇。缺點是，代價高昂。你可能得先讓孩子挨餓，才有機會讓他吃下不喜歡的東西。然後，你要在接下來的好幾個小時裡，收集他的尿液樣本。

　　補充特定的維他命缺乏、增加攝取熱量，或添加谷氨醯胺和微量營養素給寶寶吃，都可以修復滲透性腸道。母乳占餐點比例的25%也會有幫助。如果你的孩子有細菌造成的腹瀉，干擾了腸道微生物群系的健康，你需要先治好它。

Q 54.
世界各地的嬰幼兒的微生物群系有何不同？

　　嬰兒剛出生時微生物群系的差異不大，之後所發展出的跨國差距，與剖腹產和抗生素使用習慣有關，它們減低了所有孩子體內的微生物多樣性，並影響其微生物群系生長的狀況。研究開始注意到，造成差異最大的因素是貧窮[9]。傑克與芝加哥大學的研究人員合作發現，在那些從新生兒加護病房順利出院的早產兒之中，他們一歲時的微生物群系與整體健康情況取決於是否貧窮。

　　貧窮在許多方面影響了微生物群系和健康：欠佳的飲食（特別是在開發中國家），營養不良、汙染和較不易取得醫療照護。研究正在密切地檢視該如何介入那些孩子的微生物發展，以期降低像是過敏、氣喘等疾病發生的可能，也期望能降低神經發展的問題，使孩子能順利達到進入小學的能力標準。

　　這跟出生地也有關[10]。出生於西方國家、高度都市化的人，腸道裡有較多的擬桿菌屬、梭菌屬細菌。而那些出生於非洲和中南美洲，較為低度開發區域的人，則有較多的普雷沃菌。事實上，大部分國家都不曾對任何人做過微生物群系排序，因此還欠缺許多資料來下定論。

　　已有證據指出人類基因與微生物群系組成有關，但是生活方式、風俗習慣，及飲食帶來的影響更為顯著[11]。文化習慣常決定你吃的東西，而生活方式則影響了接觸的事物。例如，一個農人的孩子在生命初期就有跟許多動物接觸的機會，這可能使他們的孩子不易

得到氣喘，機率遠比其他孩子低了一半有關 [12]。

來自不同國度的成人，微生物群系有所不同。我們推論來自不同國家的孩童，應該也是這樣。再加上配方奶或母乳的選擇也會增加變因。因為目前用同樣的方法，對不同國家孩童的系統化研究較少，因此難以直接比較各研究的發現。

我們可以推論，在鄉村環境長大的孩子，微生物群系有比較多元的傾向，而且罹患過敏或氣喘的機率較低。

不斷地擦洗小孩，使他們遠離健康的細菌和動物，可能是引起許多種免疫相關疾病的關鍵。在第三世界、農村長大的嬰兒比較不會面臨這個問題。當然，這些孩子面臨著其他問題：有限的醫療照護資源和極高的母嬰死亡率。因此科學家試圖在良好醫療照護和生活型態選擇之間找到折衷辦法，這些都是影響你是否會發展出像是自體免疫疾病等慢性病的原因。

雖然，同卵雙胞胎之間的微生物群系比異卵雙胞胎又更相似些，這也不完全是因為基因的緣故 [13]。無論如何，有些菌種（如Christensenella）在一對同卵雙胞胎裡的數量較異卵雙胞胎更為相同。詭異的是，當同卵雙胞胎一胖一瘦時，瘦的那個身體裡會有 Christensenella 菌，而胖的那個沒有。當我們將胖的雙胞胎糞便移植到無菌小鼠身上，小鼠會變胖。但如果我們再加上Christensenella 菌時（也就是瘦的雙胞胎獨有的菌），小鼠就沒有變胖。這現象在小孩身上是否成立，還需要進行研究才能證實。

憂鬱症

Chapter 10

Q

55

寶寶出生前後，我感到很沮喪，
這跟微生物有關嗎？

懷孕和新生兒出生，常被喻為女人生命中最快樂的時光。當那
「一團喜悅」來臨時，妳將會無比的幸福，且一天比一天更愛寶
寶。

大約有一到兩成的女性，在懷孕期間或生產後受憂鬱症所苦，一
點也不覺得幸福。產前憂鬱症發作的形式包括大哭、睡眠問題、疲
倦、食慾失調、焦慮和對腹中胎兒無感。產後憂鬱症則伴隨著持續
性的悲傷、疲倦、罪惡感、情緒不穩與注意力散漫，甚至會對寶寶
產生疏離感。通常有憂鬱症的婦女會誤以為上述感覺只是新手父
母的陣痛反應，而忽略了嚴重程度。在阿曼達與羅布的女兒出生
後，阿曼達突然覺得非常沮喪，但她單純地以為自己只是適應不
良。（好在，她們的陪產員在隨後的例行探訪時，發現了產後憂鬱
症的徵兆，而提醒她注意）倘若有憂鬱症病史，或是孕期經歷了高
壓力的事件，得到妊娠憂鬱症的機會也會增加。一種可能的潛在生
物學解釋，因為荷爾蒙在受孕、懷孕和生產的過程裡遭遇了極大的
改變，而影響了妳的心理狀況。

荷爾蒙會改變身體用來製造和使用神經遞質的方式。神經遞質
的流動，透過神經細胞之間傳導速度的改變，讓神經系統得以運
作。當使神經傳導加速的傳送者過量（如血清素），或是減緩傳
遞速度的傳送者不足時（如加瑪氨基丁酸；gamma-Aminobutyric
acid：GABA），大腦神經系統的微妙平衡就被破壞了，人便會因
此感到困惑、憂鬱和焦慮，並導致其他的心理疾病。

我們曾以為只有大腦能夠製造和使用這些化學物質，但現在我們發現，腸道細菌也可以。不要懷疑，大腦與神經系統裡極為重要的分子成分，竟然是腸道製造的。最近也有證據顯示，一旦腸道細菌受干擾時，身體裡的神經遞質也會嚴重地失衡[1]。

腸道微生物製造具神經活性的化合物，利用多種代謝途徑，改變神經遞質的平衡，而影響大腦的發展和行為。例如：一種由念珠菌（Candida）、鏈球菌（Streptococcus）、大腸桿菌（E. coli）和腸球菌（Enterococcus）生產的 5- 羥色氨酸（5-hydroxytryptophan），這種物質能中介色胺酸（tryptophan）和神經遞質血清素（serotonin）；像是芽孢桿菌（Bacillus）和沙雷氏菌（Serratia），能製造神經遞質多巴胺（dopamine）；大腸桿菌、芽孢桿菌、酵母菌會產生去甲腎上腺素（noradrenaline）；而乳酸桿菌可生成乙醯膽鹼（acetylcholine）；乳酸桿菌和雙歧桿菌則製造了 GABA（減緩傳導的神經遞質）。

大腦也能製造 GABA，這種物質需要藉由與受體（GABA receptors）結合來作用，很多種藥物包括抗焦慮藥、催眠藥、全身麻醉劑、抗驚厥藥和鎮靜劑，都是利用這種特性來製作的；某些疾病也是透過 GABA 和受體的互動特性發生的，像是癲癇、多發性硬化、憂鬱與焦慮。

大腦也會釋放血清素。然而，當壓力來臨或是荷爾蒙失調時，大腦血清素的製造量便驟然跌落，這背後原因為何尚不明確。但是，腸道所製造的血清素可以彌補這個損耗。腸道血清素流經大腦時，心情、胃口和幸福感都會提升。但其中有九成都只留在腸道裡，負責調控腸子蠕動[2]。

無獨有偶，細菌生產的 GABA，透過平滑肌、上皮組織和內分泌

腺的 GABA 受體影響腸蠕動、排空胃、分泌酸、括約肌活動和不適感。但是腸道細菌的 GABA 不會穿過血液和大腦之間的屏障，也不能進到大腦，如此一來，便需要再尋求另一個原因來解釋細菌的 GABA 是如何影響心情。

其中一個線索是迷走神經，它像條超級高速公路連結了腸道和其他器官，一路到大腦，而且傳遞訊息的管道是雙向的。像是短乳酸桿菌（Lactobacillus brevis）和齒雙歧桿菌（Bifidobacterium dentium）的腸道微生物，能利用麩胺酸製造 GABA。其他細菌（Flavonifractor）靠吃 GABA 生長，當細菌改變時，腸道神經系統（有時還被稱做「第二顆腦」）裡的 GABA 量也會改變。重要的是，迷走神經連結了腸道神經系統和大腦，當腸道細菌生產的 GABA 量變少時，腸道神經系統和迷走神經可能會喪失抑制功能，無法調節神經衝動（nerve impulses），此時腸道神經系統會將失調的狀況，經由迷走神經告訴大腦，你的心情便會受到影響。

此外，還有其他方法可以讓神經衝動從腸道直通大腦。末梢神經能感知胃和胃腸道，並將訊號從脊椎一路傳到腦島皮質（insular cortex），影響你接收和解讀身體的感覺。因為這樣，你才會感到胃抽筋和絞痛。體內全部的神經，和這一條訊號傳遞路徑都需要 GABA 作為介質，萬一 GABA 的量失調，就會影響你的感覺。

當細菌的 GABA 與迷走神經或感覺神經裡的 GABA 受體互動時，影響了身體感覺的調節系統。身體的感覺回過頭來影響大腦生產和使用 GABA 的量，進而影響心情。所以我們說大腦「傾聽」著腸道。當腸道不適時，大腦也會不開心。

這裡便指出了微生物群系的相關性。以改變孕期階段的荷爾蒙含量，來改變腸道微生物活動的想法應該是可行的。一個不穩定的

微生物群系，可能會受到荷爾蒙改變影響，那中介神經遞質的細菌也將改變牠們的活動，而造成你體內的神經遞質濃度快速地失衡（例如，GABA 和血清素）。

那麼你該如何是好呢？你可以操弄腸道微生物來更改神經遞質的產量嗎？這將會是治療妊娠憂鬱症的新奇療法。遺憾的是，科學還沒進展到那裡。我們仍有許多需要去求證的事情。好消息是，研究正在進行中，而且如果我們是對的，靠著調整你的飲食，或是食用某些特定的細菌，就能使微生物的神經遞質活動恢復平衡，進而平衡神經系統運作。

Q

56.

該如何避免產前或產後憂鬱症找上我？

　　雖然飲食或是益生菌可以改善生理健康，卻沒有證據說明這些能改善你的心理健康。

　　我們希望可以發展出替代方案，讓抗憂鬱劑（Antidepressants）不再是唯一的解決之道。因為憂鬱症的汙名，及可能對母嬰造成的副作用，讓很多女性有所疑慮。因此飲食（包含 omega-3 脂肪酸補充劑）和益生菌，相對地不具侵入性，而且看來沒有任何副作用（攝取量不足反而不好），似乎是最受喜愛的替代品。

　　一項小型的臨床實驗發現，益生菌能減輕憂鬱的症狀，並且降低壓力荷爾蒙「皮質醇」（cortisol）的含量[3]。26 位受試者連續三十天，每天服用混合瑞士乳酸桿菌（Lactobacillus helveticus R0052）、長雙歧桿菌（Bifidobacterium longum R0175）兩種益生菌，這兩種益生菌種都不需處方箋就可以買到。另外，做為對照組的 29 位則喝不含益生菌的飲品。實驗以雙盲、隨機抽樣方式進行。

　　一個月之後，醫生檢測病人的皮質醇含量，也用心理測驗量表檢驗他們焦慮和憂鬱的情況。吃益生菌的人，顯著地較少憂鬱、焦慮、憤怒，也較少有敵意。有趣的是，他們解決問題的能力也變好了。不過，每個個體之間總有差異，就算實驗發現的平均值說明益生菌有效，也不代表在你身上會有同樣的效果。請注意歐盟食品安全專責機關（European panel on the substantiation of health claims）對此研究提出強烈質疑。研究員還在尋找人體血液裡面能改變神經遞質含量的生物，希望能找出可以減緩憂鬱症的微生物，幫助更多的人扭轉人生。

Q
57.
倘若我很憂鬱，會影響到寶寶的微生物群系嗎？

　　雖然我們現在還沒有確切的答案，但許多途徑都可能讓你的狀態影響寶寶。例如，經由陰道分娩、肌膚接觸和親吻，都可能將微生物傳給寶寶。其中某些生物會抑制製造神經遞質的細菌生長，或是乾脆吃掉這些神經遞質，使孩子的腸道裡的神經遞質失衡。

　　另一種可能是，當你的母乳產生化學變化時（因為吃得不好或是生病了），寶寶腸道裡的微生物群系也會改變，導致神經遞質供需失衡。

　　然而，令人驚訝地是，微生物群系、母乳的化學變化，和嬰兒心理衛生發展相關的研究還相當罕見。微生物群系受干擾與產後憂鬱症之間的關係，還有是否會影響寶寶微生物群系，目前全然不明。傑克的實驗團隊正積極地進行研究，希望能多了解微生物群系和妊娠憂鬱症之間的關聯。

Q

58

我的家人有憂鬱症，能否透過控制孩子的微生物群系，預防他得到憂鬱症？

也許有一天可以，但前提是，你必須要在孩子很小的時候就介入。雖然我們本身沒有憂鬱症，但我們都目睹親人受憂鬱症困擾，因此花很多心力在思考相關議題。我們的小孩目前都沒有因為家族遺傳而顯現任何病徵，但希望正在進行中的研究，有一天能用來協助預防憂鬱症。

過去十年有些動物研究的結果很激勵人心，我們知道微生物群系與憂鬱症行為有關[4]。無菌的小鼠們（牠們的微生物在出生後都被殺光了）和原本帶有微生物群系的小鼠們相比，對具有風險的行為選擇大不相同。缺少微生物群系的小鼠們較不容易焦慮，也比較願意冒險。正常的小鼠們喜歡躲起來，在野生情況下，這樣做其實對鼠隻較為有利。那些躲起來的小鼠活得好好的；沒躲好的則會被吃掉。過去很多年來，我們都假設這樣的風險規避行為是寫在動物的基因組裡，但這些實驗小鼠們有一樣的基因組，牠們唯一不同的地方在於微生物群系。缺少微生物群系的無菌小鼠，比那些有微生物群系的正常小鼠更「勇敢」。為了進一步檢驗這個假說，研究人員從正常、焦慮的小鼠那裡取出微生物群系，移植到無菌、勇敢的小鼠腸道裡，你瞧，奇怪的事發生了！勇敢的小鼠們變得比較容易緊張，並且不再冒險。

但重點來了。對那些行為開始變得「正常的」小鼠來說，細菌必須要在牠們還是嬰兒時就被加回去。將微生物群系移植到無菌的成鼠裡，則不會扭轉行為，小鼠們還是一樣的喜歡冒險、勇往直

前。我知道你是怎麼想的：所以是細菌造成了憂鬱症和焦慮嗎？那麼我們一定要把牠們處理乾淨。這並不是個好主意，而且技術上也無法在人類身上實現。再者，對小鼠來說，異常行為是勇往直前和喜好冒險，但誰知道人類會呈現怎樣的異常行為。所以就算成功做出無菌人，他還是有可能會繼續焦慮，甚至是很憂鬱。

雖然焦慮和冒險的行為，看起來與憂鬱症不是那麼高度相關，特別是慢性重度憂鬱症，但其中的機制可能比我們的想像更相似。焦慮和憂鬱都是因為神經系統裡的化學物質失衡所造成。過多刺激或抑制能力失靈，都會破壞系統精細而微妙的平衡，並出現行為異常。

重要的是，這些研究指出，我們曾以為這些行為是由基因造成的，實際上卻可能與微生物群系有關。這意味著憂鬱症不是靠父母的基因傳到下一代，而是微生物群系裡的微生物的基因。

那麼，為什麼這種改變微生物群系的介入方式，在成年的動物身上不管用呢？

人類跟小鼠一樣（而且我們有許多的共通點），大腦在嬰兒期和童年，甚至到青少年，都屬於具延展性的關鍵期。大腦和神經系統的可塑性隨著年紀漸減。所以在嬰兒期改變微生物群系，也許是唯一能影響大腦發展與結構的辦法。如果你有憂鬱症家族史，你可能需要在關鍵期添加適當種類的微生物給孩子使用。我們還不知道哪種是正確的微生物種類，也不知道關鍵期確切的時間範圍，但應該要在孕期或是出生數週後那樣的早。

我們開始檢驗那些憂鬱症患者和非患者的微生物群系，結果的確發現他們之間的差異[5]。舉例來說，憂鬱的人製造神經遞質的

細菌數較少，特別是加瑪氨基丁酸（gamma-Aminobutyric acid：GABA）和血清素的先質（precursor of serotonin）。利用這個發現，我們也許能開發出某種含有這些細菌的益生菌來治療憂鬱症。只是在人體試驗之前，我們必須先進行動物測試，這個過程，還需要花很多的時間跟耐心。

我們必須對嬰兒的生理反應十分警覺，再考慮是否給益生菌。嬰兒的免疫系統非常敏感，添加錯誤的微生物組合會造成極大的炎症反應，也會影響大腦發展。這不是件簡單的事，很可能帶來不好的後果。過度的發炎甚至會使大腦發展遲緩，並造成心理疾病。任何改變都可能會影響一顆未成熟的大腦。也就是說，我們必須要謹慎選擇益生菌的菌種。切記，益生菌應該是要用來促進健康的，因此會導致發育問題的便不是益生菌。

Q 59.
微生物群系與孩子的學習困難有關嗎？

老實說，我們不知道。科學家在研究學習障礙，或入學能力準備度和幼年期微生物發展之間的關聯性時，我們通常都是選最糟的狀況來研究，這樣做是為了由最極端反應的狀態來探看相關性。

例如，每一年在美國有 1% 的嬰兒早產，且出生時體重不足一公斤，這些嬰兒被分類為「過輕早產兒」。醫學越來越能幫助這些孩子，如今約有七成八能存活下來，但不免伴隨著併發症。這樣的嬰兒智能障礙風險極高，他們較難利用思考和個人經驗獲取知識，或理解周遭的事物，其中高達四成認知測驗的分數很低。

一般直觀地以為，這樣的智能障礙，與出生時大腦尚未發育完全有關，因為這是早產無法避免的問題，但這個論點並未獲證據支持。不論是妊娠期的天數，還是出生時的重量，都無法預測孩童長期腦神經發展問題。我們知道這些併發症，像是高濃度氧氣過度換氣造成的肺部損害、明顯的腦傷、癲癇、糖尿病和壞死性小腸結腸炎（Necrotizing enterocolitis），都與腦神經發展不良有關。然而，這些問題很多都與炎症反應有關，有許多專家也提出微生物群系可以控制這些病症的假說。

還記得我們在前面的章節提過，早產兒常被施予大量的抗生素，因此他們的微生物群系受到相當程度的干擾。還有提到，母乳哺育能重置系統平衡，對神經發展有正面好處。也許任何幫助微生物群系健康生長的方法，都能用來避免日後學習困難，甚至能幫助早產

兒。

社經地位也會影響神經發展與學習。在離開加護病房時，兩組認知發展能力相當的早產兒，可能會因為家裡經濟條件不同，而有不同的結果。雖然在兩歲時，這兩組小孩有著正常的認知發展能力，在五歲時，比起較富裕家庭中長大的早產兒，弱勢家庭的孩子入學能力測驗表現較差。到了小學時，家境較好的小孩裡，只有28%需要特殊教育，而那些家境較差的小孩中，有29%需要特殊教育。

你也許會認為，這樣的差異是因為來自家庭經濟條件較好的孩子，能進入較好的托兒所、幼兒園和小學教育，而否定社經地位的差異直接造成的影響，但有大規模的研究結果卻不這樣認為。傑克的實驗室正在對六到十八個月大的嬰兒微生物群系進行更密切的了解。出生於社經地位較低家庭的孩子，通常餐飲中有較多飽和脂肪與糖，並且較沒有機會與動物和自然環境接觸（居住在城市裡的人更是如此）。這些情況擾亂了孩子的神經發展，影響了製造神經遞質的腸道微生物平衡，並引發過度的炎症反應，造成大腦發展遲緩。

營養不良還間接導致神經發育不良。研究發現，營養不良引起的微生物群系變遷，造成動物的認知能力較差。

這實驗還在進行中，所以也不敢保證最後能否套用在人類身上。但請記住，萬一這些想法都是對的，就有可能發展出某種協助孩子神經發育的益生菌或微生物藥品，這意味著我們能塑造出更好的大腦。

疫苗

Chapter 11

60.
嬰兒接種疫苗是否安全？

從公共衛生的角度看來，疫苗比任何其他先進的醫療發展救了更多條人命。（與疫苗並駕齊驅的重要事件，包含加強衛生、抗生素和大幅減緩全球饑荒問題的「綠色革命」。）在沒有疫苗的世界裡，脊髓灰質炎病毒（也就是小兒麻痺病毒）會使孩子死亡或終生殘廢。麻疹則會導致大腦腫脹、肺部感染和死亡。就連常被認為是良性的水痘，都會帶來出血性疾病、受感染的膿疱以及大腦和肺部腫脹。

當羅布還是個小孩時，父母親跟他說最好在聖誕節時就得到水痘，而不是變成大人之後。成人長水痘需要住院，死亡的風險也比較高。但長水痘時真是又癢又不舒服，癢到他同時被感染的弟弟臉上都還留有當時抓傷的疤痕。好在，這不愉快的孩提經歷已成為往事，羅布的女兒和其他許多美國兒童，在兩歲以前都接種了水痘疫苗。

相較於病毒感染可能引起的浩劫來說，疫苗是非常安全的，當然，不良反應也有可能會發生，但大部分僅限於腫脹、發紅、瘙癢，有時也會引起頭痛、疲勞和噁心。但嚴重到有致命性過敏反應的案例則極為少見。與上述的症狀相比，疫苗所帶來的風險比起染上病毒的風險低得多。

我們雖然知道益生菌能影響疫苗的效力，卻還不知道孩子的微生物群系跟疫苗效力之間的關係。我們推斷，假如健康的微生物群

系能使免疫系統更加靈敏，那應該也能提升疫苗的功效。

我們知道家長們對接種疫苗存疑的種種原因。網路上和全國各地的公園遊戲場裡，流傳著大量的負面訊息。一旦有可靠的消息來源聲稱疫苗可能會傷害你的孩子，你自然會反問自己，是否要信任疫苗的安全性。

就算你還沒準備好要相信我們，我們還是希望你能參考國家認可的小兒科專家說法：「高免疫率對於遏止疾病爆發至關重要。」美國小兒科學會主席貝納・皮・錐亞博士（Dr. Benard P. Dreyer）在一份近期發布的小兒科期刊《*Pediatric*》上寫道「沒有任何的孩子該受疾病折磨，特別當這疾病已經有疫苗可以預防時。」[1] 但是越來越多的孩子染上有疫苗可打的重病：百日咳在美國有捲土重來的趨勢，上萬名嬰兒受到感染，這是自 1955 年迄今最高的數字。

小兒科學會報導解釋，與疫苗相關的負面消息都與小孩接種的疫苗沒有關係。1998 年之前曾經有一種做為疫苗載體的化學液被指出可能引起疾病，但這化學物質早已不被使用，也不會造成威脅（指出這化學液有害的研究事實上很有限）。經過相關證據的審查之後，我們可以斷言，除了那些極為罕見的過敏反應之外，疫苗不會引起重大的風險，在世界各國成千上萬的研究中，都證明了疫苗的好處。

孩童生病是常有的事情，也有很多傳聞認為，孩子是在接種混合疫苗之後才生病的，但這不表示是疫苗造成了疾病。我們的小孩都接種了麻疹腮腺炎德國麻疹三合一疫苗（MMR）。傑克的兩個小孩在接種後，還出現輕微嗜睡和體溫偏高的症狀。傑克的大兒子更是在該接種 MMR 前，得了酵母菌感染，因此還等到他好了之後才

帶去打疫苗。你如果跟醫生討論的話，也會得到這個結論。如果你有任何顧慮，應該要跟醫生說。在我們合作過的臨床科學家和醫療人員中，從沒有因為藥廠的影響而開立了某種疫苗處方。

只有一項例外，假如嬰兒的免疫系統還沒完全長好，疫苗將不會轉變為對抗病原體的抗體而無效。疾管署的接種時程表，是根據疫苗所能發揮效力的時間點來規劃的。一般來說，越早讓孩子接種疫苗，他未受疫苗保護的時間就可以縮短。但是對每一種疫苗特性而言，孩子的免疫系統也得等到適合的年齡，才能有效運作。

父母們常問關於接種的排程問題。是一次打完比較好呢，還是隔一段時間再輪流施打？這沒辦法簡單回答，許多種疫苗都需要在一段時間後追加劑量，使免疫系統變得夠強壯。但為什麼要在小孩出生後的十五個月之內，打二十五針那麼多呢？為什麼不能在兩到三年間慢慢打完？答案是，你不會希望孩子在這麼長的時間裡，冒著沒有抵禦能力的風險生活著。在三或四歲時才第一次接觸麻疹或是脊髓灰質炎（小兒麻痺）病毒可能會造成大災難。再加上沒有科學證據支持較短的排程，而且也沒有辦法測試孩子對各種疾病的自然免疫能力，因為那些檢測方法在很小的孩子身上無效。

不過，也許會有這麼一天，可以根據個體微生物群系的發育狀況，來決定每個孩子最佳的預防接種時間。如同我們在第九章〈兒童腸道〉討論到的，孩子的微生物群系循著發展軌跡生長。雖然這軌跡的細節有很顯著的變異性，但大多數的孩子遵循著類似的路徑發展著。既然我們知道微生物群系會影響疫苗的效力，也許有一天我們能依照孩子的微生物群系序列來決定最佳的接種時機。目前為止，我們還不清楚這個理想的樣貌，但可以想像的作法是基於個體微生物或是特定微生物的集合來支援免疫系統的功能。遺憾

的是，我們還不能透過快速篩檢嬰兒和孩童腸道微生物的變異，來大規模測試免疫系統的變異性。但這是我們的研究目標。

....

我們在本書中所要傳達的基本概念有一點複雜性。我們建議你接受微生物的多樣性，同時也要保護你的孩子避免接觸病原體。讓我們進一步探索這二者的區別。

首先出場的是：病原體。牠們在人類演化史裡不斷出現，形塑了我們的免疫系統，而這系統也很清楚病原體會一聲不響的展開攻擊。你永遠不會知道何時會受到不好的細菌和其惡毒的抗原攻擊（任何促使免疫系統製造抗體對抗它的物質都被稱為抗原）。所以我們演化出過度警覺的免疫系統，準備好要痛擊每個病原體。例如，結核病已經流傳了數千年，那些在感染之後存活下來的人，可能已經發展出堅強的免疫反應，並且傳給之後好幾世代的人。

在我們利用疫苗以及透過較好的衛生條件等方式，將病原體逐出我們的世界之後，卻面臨意料之外的後果。我們開始對那些不具危險性的東西過度反應，像是花粉或其他過敏原。這就導出了下一個問題：我們是否該停止接種疫苗來避免過敏性疾病呢？假設我們真的移除疫苗，會發生什麼事情呢？一項正在全美進行中的非科學實驗也許可以回答這些問題。許多父母開始相信，我們在過去數千、數百萬年間和幼兒疾病共同演化，開始適應這些疾病。換句話說，像是麻疹、腮腺炎和百日咳等疾病可能不是那麼嚴重。這些父母之所以對麻疹和小兒麻痺等不那麼恐懼，是因為他們沒有遭遇過這些幼兒疾病。這些疾病極兇殘且會致死，然而在十七到二十世紀間取走數百萬條人命的禍害，都被疫苗消除了。我們該對疫苗致上深深地謝意。

但那些不清楚歷史的父母們，對疫苗直接表達強烈的反對意見。他們援引配方裡有害的成分，並聲稱孩子在太短的時間內注射的次數過多。（有鑑於此，難怪麻疹、腮腺炎和百日咳會在全美的學校裡強勢回歸。）至於這些孩子是否真能因此而不過敏，則永遠不得而知，因為這樣的「實驗」設計不良，而且在我們看來相當違反倫理道德。

另外提出一點供你參考，疫苗使孩子的免疫系統與某種特定的、你希望避免的病原體接觸。現代的疫苗功能相當明確，不會影響孩子的其他微生物。所以除非有什麼我們不明白的原因，像是故意要讓孩子經歷一場重大的感染，以帶來日後對健康的益處外，否則你必須要給孩子接種疫苗。讓孩子預防接種還有額外的好處：傳染病需要讓一定的人數感染才能散播開來，因此當大多數人都已經接種而免疫，還可以避免那少數尚未接種的人生病，包括免疫功能嚴重缺陷或是打了疫苗卻無效的人們，形成「群體免疫」的效果。如果不這樣做，無論對你的孩子或其他人來說，都將是個大災難。

61.是否有一個最適合孩子的「疫苗施打時程表」；
在選擇施打的疫苗時，我是否該考慮他們的微生物
群系？

　　嬰兒和幼童應該要照著美國小兒科學會和疾病管制與預防中心
公布的時程表來接種疫苗。依據數百個臨床實驗所得到的綜合結
果，這是你最佳的指南，可以用來保護孩子遠離嚴重的細菌或是病
毒性疾病。

　　表格二明列兒童疾病與其相對應的疫苗。正如表格所示，這些疾
病的許多併發症相當嚴重，甚至會致死。

　　讀者們應該要知道，我們的孩子都按照美國疾病管制與預防中
心建議的時程表完整接種了所有疫苗，你可以在 www.cdc.gov/
vaccines/schedules/downloads/child/0-18yrs-schedule.pdf 下載參
考 (※1)。

1.台灣讀者請參考衛福部疾管署 現行兒童預防接種時程 https://www.cdc.gov.tw/
professional/submenu.aspx?treeid=5b0231beb94edffc&nowtreeid=d2a82620c6f17
40a

表格二：預防性疾病和對應的疫苗

疾病	疫苗	傳染途徑	症狀	併發症
水痘	水痘疫苗	空氣、直接接觸	皮疹、疲倦、頭痛、發燒	膿腫、出血性疾病、腦炎（腦腫脹）、肺炎
白喉	DTaP 疫苗	空氣、直接接觸	喉嚨痛、輕度發燒、無力、頸部腺體腫脹	心肌腫脹、心臟衰竭、昏迷、癱瘓、死亡
B 型流感嗜血桿菌	Hib 疫苗	空氣、直接接觸	可能沒有症狀，除非細菌進入血液	腦膜炎（感染腦和脊髓周圍的覆蓋物）、智障、會厭炎（危及性命的感染可能會阻塞氣管並導致嚴重呼吸困難）、肺炎、死亡
A 性肝炎	HepA 疫苗	受污染的食物或水、直接接觸	可能沒有症狀，否則會發燒、胃痛、食慾不振、疲勞、嘔吐、黃疸（皮膚和眼睛發黃），深色尿液	肝功能衰竭、關節痛、腎臟炎、胰腺炎和血液疾病
B 型肝炎	HepB 疫苗	接觸血液或體液	可能沒有症狀，否則會發燒、頭痛、虛弱、嘔吐、黃疸（皮膚和眼睛發黃）、關節疼痛	慢性肝炎、肝功能衰竭、肝癌
流行性感冒（流感）	流感疫苗	空氣、直接接觸	發燒、肌肉疼痛、喉嚨痛、咳嗽、極度疲憊	肺炎
麻疹	MMR 疫苗	空氣、直接接觸	起疹子、發燒、咳嗽、流鼻涕、結膜炎	腦炎（大腦腫脹）、肺炎、死亡
腮腺炎	MMR 疫苗	空氣、直接接觸	唾腺腫脹、發燒、頭痛、疲倦、肌肉疼痛	腦膜炎（包覆大腦和脊隨的薄膜受感染）、腦炎（大腦腫脹）、睪丸或卵巢發炎、失聰
百日咳	DTaP 疫苗	空氣、直接接觸	劇烈咳嗽、流鼻涕、呼吸暫停（嬰兒暫時停止呼吸）	肺炎、死亡
小兒麻痺（脊髓灰質炎的中文譯名）	IPV 疫苗	空氣、直接接觸、經口傳染	可能會沒有病徵，否則會喉嚨痛、發燒、噁心、頭痛	癱瘓、死亡
肺炎鏈球菌	PCV 疫苗	空氣、直接接觸	可能會沒有病徵，否則會引起肺炎（肺被感染）	細菌血症（血液被感染）、腦膜炎（包裹大腦和脊髓的薄膜受感染）、死亡
輪狀病毒	RV 疫苗	經口傳染	腹瀉、發燒、嘔吐	嚴重腹瀉、脫水
德國麻疹	MMR 疫苗	空氣、直接接觸	起疹子、發燒、淋巴結腫脹	對孕婦極危險：會造成流產、死胎、未足月分娩、先天缺陷
破傷風	DTaP 疫苗	經皮膚上的傷口傳染	脖子和腹部肌肉僵硬、吞嚥困難、肌肉痙攣、發燒	骨折、呼吸困難、死亡

Q 62.
在接種疫苗前後，我該給孩子吃益生菌嗎？

也許可以。有研究顯示益生菌在施打疫苗前後可能帶來幫助。疫苗是一種作用劑（agents），與引發疾病的微生物相似，同時它們被謹慎地設計，也很安全。他們通常是減弱或是死亡的微生物，一種由微生物所取得的微生物型毒素或是單一蛋白（例如，取自微生物表面的物質，之後當此微生物侵略時，便能輕易地被免疫系統辨識。）當孩子接種某一種疫苗後，他的免疫系統便會開啟辨識此微生物的功能，使微生物失效，並存入記憶中，這樣一來下次遇到這病菌就能較快地殲滅牠。

益生菌已被證實會使疫苗更有效。舉例來說，GG 鼠李糖乳酸桿菌（Lactobacillus rhamnosus GG；LGG 菌）和嗜酸乳酸桿菌 CRL431（L. acidophilus）能以刺激孩子的免疫系統來增進對脊髓灰質炎疫苗（即小兒麻痺疫苗）的反應[2]。同樣地，一項在新加坡的研究，77 位喝綜合益生菌（長雙歧桿菌 B. longum 和 LPR 鼠李糖乳酸桿菌）的嬰兒，與 68 位沒喝益生菌的嬰兒控制組比較 B 型肝炎疫苗的效果[3]。那些喝益生菌的嬰兒對疫苗的免疫反應顯著提升，說明了疫苗效力增加。我們也在另一項流感疫苗實驗中觀察到類似效果。基本概念是，微生物可以刺激免疫系統，提高對疫苗的警覺性。系統越警覺，越能快速且正確地製造對抗疫苗抗原的抗體。

然而，也有其他研究發現，益生菌對增進疫苗的有效性很微小甚至沒有影響。你很難理解，一項醫療介入為何對一個群體有效，而

對另一個群體無效，所有臨床實驗都面臨這樣的挑戰，因為有太多因素可能會影響結果。

好像是嫌不夠混亂似的，一項在澳洲進行的實驗想知道若在懷孕晚期食用益生菌，會發生什麼事[4]。31 位食用 LGG 益生菌和另外 30 位吃了麥芽糊精做為安慰劑的孕婦，從孕期第三十六周每天吃益生菌到分娩為止。研究人員在這些孕婦的幼兒一歲時，讓他們接受破傷風、B 型流感嗜血桿菌（Haemophilus influenzae type b: Hib）和病毒性肺炎疫苗。令人驚訝的結果是，若母親在懷孕後期吃了益生菌，嬰兒在一歲時施打疫苗的效力比較低。所以也許益生菌根本不是什麼好主意。不過，這實驗規模較小，而且雖然疫苗效力降低，孩子整體對疫苗抗原的免疫反應並未受到影響。

另一項在芬蘭所做的研究，讓 47 位孕婦喝了四種益生菌的飲料（GG 和 LC705 這兩種鼠李糖乳酸桿菌菌株、短雙歧桿菌 Bbi99 株和 Propionibacterium freudenreichii ssp. shermanii JS）。這些孕婦之所以被邀請來參加研究，是因為她們的父親或母親被臨床診斷出患有過敏性鼻炎、異位性皮膚炎或是氣喘，推斷她們的嬰兒有較高機率會過敏[5]，另外 40 位有相同高風險過敏寶寶的母親，則給予惰性成分的安慰劑來做為控制組。

寶寶出生後，來自母親曾得到益生菌綜合飲料的寶寶，繼續每天喝二十滴加了益生元的糖漿，直到六個月大。而另外 40 位安慰劑寶寶，則喝著沒有益生元也沒有益生菌的糖漿。

在寶寶六個月大時，全部都必須接種白喉、破傷風和 B 型流感嗜血桿菌疫苗。益生菌似乎使流感疫苗更有效，卻讓其他兩種疫苗效力減低。作者表示嬰兒腸道裡的微生物生質量（microbial biomass），有助於微生物的多樣性與抗體的擴張。這論點蠻有道理

的，因為一個多樣化的微生物群系便能製造各式各樣的抗體。但是我們仍不了解，為什麼益生菌只增加這三種疫苗裡其中一種的效力。

儘管如此，施打疫苗後的益生菌可能對孩子是有益的。受到急性腸胃炎的輪狀病毒感染的小豬，接受 LGG 菌和乳雙歧桿菌（*B. lactis Bb12*）[6]。比起那些沒有使用益生菌的動物來說，較少有腹瀉和腸道發炎的症狀。益生菌看起來可以穩定牠們的腸道，支援牠們的身體接受疫苗。

可以確定的是，這些研究都指向一個概念，腸道微生物的組成可以影響疫苗的作用，但對於你該在孕期間服用哪些益生菌，或該給孩子吃哪些益生菌來促進對疫苗的反應能力，目前都尚未有共識。不過請放心，這領域的諸多研究正在進行著。

Q
63.
我的孩子是否該接種流感疫苗？

　　如果他已經到了可以施打的年紀，就應該接種。有一種六個月以上的人都可以施打的流感疫苗，但也有要等到三歲以上或只有成人才可以接種的疫苗。你應該要跟小兒科醫生討論怎麼做對孩子最有利。雖說如此，年幼的孩子對許多流感引起的嚴重風險和併發症尚未能免疫。孩童罹患流感的比率比較高，但小嬰兒常常看不出典型的病徵（發燒、喉嚨痛、疲憊和組織疼痛）。大多數的孩子較常會嘔吐或拉肚子，而不像成人那樣感到無力和頭暈腦脹。我們都知道小孩是細菌工廠（我們總是這樣被講不是嗎？），小孩受到流感感染的時間長度大約是成人的兩倍。小孩會發生的流感併發症包含病毒性肺炎、細菌性肺炎、耳部感染、癲癇等大腦疾病，甚至死亡。

　　流感是由不同病毒所引起的，與一般常見的感冒完全不同。比起較常見的鼻病毒，A 型和 B 型流感病毒更不一樣。一般的感冒通常只會流鼻涕而已，但流感會讓你希望世界乾脆毀滅算了。

　　誠如在許多章節裡提及，微生物群系刺激免疫系統，增強免疫力。非但如此，腸道中的細菌還可能增強流感疫苗效力[7]。目前相關證據都是在最熱門的實驗動物——小鼠身上做的，不確定在人身上會如何作用。因此我們還不能推薦你用腸道細菌促進免疫反應，只能說大腸桿菌菌株（E. coli），增進了小鼠免疫系統對流感疫苗的反應。

　　重點是：你和家人都該接種流感疫苗。

環境

Chapter 12

Q
64.
我不該害怕細菌嗎？

「細菌很危險」的概念早已烙印在社會的潛意識裡，這與我們發現這些生物的情況有關。十七世紀時，我們利用初階顯微鏡發現細菌，一直到十九世紀時，這些「微小動物」才被認為與疾病有關。

光芒四射的天才型法國科學家路易斯．巴斯德（Louis Pasteur）在證明他的細菌理論時，演示了細菌與疾病的關係。他認為這些在空中飛舞的微生物，落到士兵傷口裡時種下了病因。微生物使他們潰爛的傷口化膿。接下來的一百五十年，「細菌很不好」變成普世價值。我們必須清除牠們以維護人類的健康。這概念是正確的，每一年光是在歐美國家，就有上百萬人因細菌而喪生。渴望找出消滅牠們的方式，或不要染上這些東西的念頭，深植我們及世世代代的潛意識中。我們變成了一個撲滅細菌的社會，以為只有死了的細菌才是好細菌。

諷刺地是，巴斯德又寫道：「少了微生物的話，沒有任何動物可以存活」。細菌與人類的命運如此緊密，強行分開，只會造成宿主——我們的死亡。

後來這觀點——我們不能離開我們自身的細菌而活——被證實不全然為真。1920 年代的科學家想出了一種方法，在特殊的無菌室裡繁殖小白鼠。這不是個自然現象，真實世界沒有一出生就無菌的小鼠。當小鼠離開無菌室後，牠們很容易受空氣傳播的細菌和病毒感染，也會受到研究人員所夾帶的細菌感染。牠們通常會化膿感

染（septic）然後死亡。但如果牠們留在箱子裡，還是會好好地長大。（科學家利用這樣的無菌小鼠，來進行與微生物移植等實驗操作。）但重點是，這些無菌動物首次證明了，要在真實世界裡存活，從一出生就需要依靠上兆的微生物。一個新的理論由此誕生：「益」菌這個革命性的概念。

益生菌產業也差不多在此時開張。有些科學家宣稱某些生物可以用來延長壽命，也能對抗細菌威脅。接受能增進健康和發育的微生物，你就能戰勝細菌。抗生素和益生菌這兩個世界，就這樣在六個世代裡並行著。到如今，牠們首次被結合在一起。我們漸漸發現抗生素有牠的侷限性，且帶來許多意料之外的後果。我們仍需要殺死病原體，但同時更要接納益菌，以保持平衡。

因此，是的，這說明了髒髒的也很好。髒養最棒。

Q 65.
尿布上的細菌會傷害我的寶寶嗎？

　　因為沒有任何與微生物群系相關的研究結果，我們只能用常識來回應這題。若是考慮到「用水」和「垃圾處理」兩個因素，尿布都是個充滿爭議的話題。該用布尿布？還是拋棄式的？如果你住在一個缺水的區域，用自來水洗布尿布的環境成本，可能會比製造拋棄式尿布的工廠用水還高。

　　至於寶寶的糞便微生物的去向，拋棄式尿布會進入垃圾場，通常不會接觸到地下水源。至於布尿布的話，城市的汙水處理系統就是專門用來解決沖水馬桶排出的大量糞便（這是你最近沒有染上霍亂的原因）。

　　殘留在紙漿製品上細小的微生物，包含拋棄式尿布，或用洗衣精洗過的布尿布，比起寶寶體內高含量的微生物來說，根本像是不存在一樣。也就是說，很難想像尿布上的微生物會比大便還要更多，如果有的話，你千萬要趕快換個牌子。

Q 66. 我該如何協助孩子建立一個健康的免疫系統與抵抗疾病的微生物群系呢？抵抗感染或慢性疾病的做法有什麼不同嗎？

這是個重要的問題，同時也有許多研究正在積極地進行中。目前最好的狀況是孩子需要同時被保護著不要生病，也要在一個富含微生物的環境裡生活。這平衡相當複雜，在先前的章節裡已討論過許多細節。

我們強烈建議要接種疫苗，這能強健他對抗危險病原體的免疫系統。除此之外呢？該如何減低孩子季節性過敏或是食物過敏的風險？或是氣喘等其他疾病？

簡答是，盡可能地讓孩子接觸多樣性的微生物。帶他們出去與動物互動，允許他們在泥土、河流、小溪和海洋裡面玩耍。不要對所有他們會碰到或放進嘴裡的東西消毒殺菌。掉在地上的奶嘴是個很好的例子。將奶嘴殺菌的話，孩子長大之後對食物過敏的風險會升高[1]。

那麼究竟要如何在生命初期與泥土、狗狗和驢子接觸，來建立一個健康（強壯）的免疫系統呢？

嬰兒首次與多元的微生物世界接觸，是在他們經過產道的時候。在子宮裡，嬰兒能得到的抗體都是經由胎盤從母體而來的（稱之為被動免疫），這是為了要讓寶寶的身體在製造自己的抗體之前，就開始辨識和對付危險的感染。我們有初步的證據可以說明，這裡面有些抗體會被用來建構和維持嬰兒初期的微生物群系。並不是所有的抗體都被設計來命令細菌執行免疫細胞功能，事實上有些抗

體是用來負責辨識益菌，然後將他們安置在嬰兒體內適當的地方。

　　你的寶寶很快地會與上千種細菌、病毒、真菌和原生生物（極微小的生物，跟我們人類一樣有細胞核，但不是動物、不是植物、也不是真菌，解釋起來有點複雜）接觸，他的免疫系統很快地會學習辨識這些病菌。有些微生物會成為嬰兒自體防衛機制的一部分，如用來分解過敏原的蛋白質和化合物，引發免疫系統全面警戒，同時也製造免疫系統食用的化學物質，避免系統過度反應。這樣的「夥伴關係」變動相當快速，我們仍企圖了解其複雜性。重點是，無論如何，早期微生物群系的接觸和發育，對孩子的免疫系統學習極為關鍵，並且能終生協助他們對抗急性和慢性疾病。

Q67.
我應該帶孩子去農場嗎？

應該，而且越早、越頻繁越好。最好可以讓他們隨心所欲地摸摸動物，甚至讓他們用臉磨蹭那些願意被這樣做的動物。讓他們盡情地享受全部的泥濘、沙礫和塵土。在草堆裡打滾不會受傷的，用手餵食毛茸茸的小動物很好玩唷。唯一的提醒是，你不要讓他們撿地上的大便吃。有些動物，特別是豬、爬行動物和兩棲動物，身上帶有會讓小孩生病的寄生蟲或是細菌（不僅在大便裡，皮膚上也有）。

我們的祖先決定要畜養某些動物：狗用來打獵和守衛，牛用來擠奶和食用，豬、雞、羊、馬和貓各有用途。我們是牧民、農夫和騎士的後代，他們選擇哪些動物該進入田地、畜欄和家裡，來形塑他們自己以及身為遠親的你和孩子的免疫系統。

當年幼的孩童與馴化的動物互動時，便有機會接觸到極大量的戶外細菌，來訓練孩子發育中的免疫系統。這也就是你應該要多去農場的原因。在農場長大的孩子，發生氣喘和過敏的風險較低[2]。不同於那些黏著平板電腦的孩子，在戶外遊玩的孩子能充分地接觸花粉、植物、土壤和環境裡的細菌。這些孩子也較少有過敏反應。

有趣的是，花粉熱較常發生在十九世紀末的英國與美國上流社會。反觀，常與動植物接觸的農人們較少有花粉熱。瑞士的科學家在 1990 年代提出「農場效應」，在農場長大的孩子得到花粉熱和

氣喘的機率，是城市小孩的二分之一到三分之一。也就是說，牛棚裡的環境微生物能保護農場裡的孩子[3]。

我們也有類似的經驗。傑克小時候養過老鼠、烏龜、蠑螈、青蛙、蛇、竹節蟲、一條狗和蜥蜴，還有一隻在戶外自給自足的沙鼠。羅布有一個大玻璃缸，裡面有青蛙、蜥蜴、蛇、烏龜和蠑螈，家裡還養雞、貓、老鼠（對，故意跟貓一起養）、一條狗，甚至還有一頭在野外抓來的鹿。雖然我們那時不知道這重要性，我們卻都很愛這些奇異的細菌。有如我們的同事愛莉卡‧凡‧姆堤爾斯（Erika von Mutius）時常闡述的「衛生假說」（hygiene hypothesis），所指的就是，當孩子的生活環境「乾淨過頭」時，將無法有效觸發和刺激他們的免疫系統，因此這個讓小孩多接觸自然環境的理論，相當值得一試。

當科學家開始分析衛生假說時，發現了孩子發生過敏或氣喘的風險，與他們住家附近 1.6 公里內植物和動物物種數量成高度相關。當地生物的多樣性，似乎在調節孩子的免疫經驗裡扮演了重要的角色。換言之，周遭的過敏原越少，孩子過敏的機會越高。

愛莉卡和其他研究者更進一步發現，對孩子有益的不單只是動植物的數量，而是這些動植物身上的細菌數量。這種微生物的複雜性，更能解釋衛生現象（hygiene phenomenon）背後的原因，使這理論更有信度。孩子成長於多樣菌種的環境，例如來自動物身上所發現到的，牠們能夠形塑孩子的免疫經驗，多樣性越高越好。當我們需要尋找免疫系統功能較不易發生異常的人時，通常會在與馴養動物直接接觸的群體裡找到。和狗一起長大的小孩得到氣喘的機率少了 13%，這數據相當可觀，特別是當大部分與氣喘治療有關的免疫學家，都以為狗是「病因」（或至少認為是讓病情惡化的

原因）而非保衛者。同樣的，那些在農場裡長大的小孩，因為相同的原因，得到氣喘的機率降了 50%。

在我們和愛莉卡與其他同事的研究中，也發現許多能支持這想法的例子。當我們比較兩個在美國拒絕現代生活方式，而過著簡單、不依賴科技生活的阿米希人（Amish）和胡特爾人（Hutterites）時，我們發現了一個很有趣的差異。阿米希人得到氣喘的機率很低，而胡特爾人得到氣喘的機率卻是全美平均值的四到五倍[4]。這兩個群體的唯一區別是生活型態的選擇。這兩群人同樣為東歐後裔，好幾世代以來，以農業為主要生活型態。在基因上沒有什麼可以解釋兩者的差別。

那到底是出了什麼錯呢？其實呀，阿米希人住在家庭式農場裡，小孩在長大過程跟農場環境的互動很多。他們和父母親一起工作，照顧豬隻、牛和羊群。甚至當他們還是嬰兒時，就常被綁在背上，和父母一起在農地裡走動。

胡特爾孩子的經驗全然不同。因為文化因素加上現實考量，今日的孩子都不准去農場。胡特爾人住在一個很大的社區，這些住宅圍繞著一個中央農場。男人和十四歲以上的男孩每天早上都會被接去農場照顧動物和田地。比起阿米希人，胡特爾人機械化程度也較高，但這還不足以解釋他們之間的差異。胡特爾人生命初期缺乏與動物接觸的機會，很有可能是引起他們氣喘比例很高的原因。他們的歐洲祖先曝露在農場裡的所有細菌和過敏原之中，因此發展出強健的免疫系統，然而他們在美國出生的後代，卻剝奪嬰兒和孩子獲得同樣經驗的機會。

在這個研究裡，我們同時也證實了衛生現象。我們將容易罹患氣喘的小鼠，曝露在這兩種不同的農業環境的家中，來了解這兩個家

庭環境是否影響了得到氣喘的風險。值得注意的是，阿米希人家中的灰塵和微生物具有保護作用，而胡特爾家庭裡的則沒有。

　　現代生活非常舒適，孩子們不需要工作，分配給孩子的家事雜務都是最小限度，並且僅限於遠離危險疾病的事項，一直以來這對我們都沒有大礙。公共衛生措施對降低嬰兒死亡率和國內疾病傳播有顯著的幫助，像是乾淨的水和良好的衛生條件等措施。雖然不像疫苗有目標性的在對付特定病原體（而且疫苗還能在接觸壞的病菌時保護我們，而不是避免接觸病菌），還是十分有效。但是這干預手段，試圖讓我們的身體遠離世界上那些真實和想像中的危險，同時也切斷我們祖先曾習以為常的，與較溫和無害的細菌接觸的機會。這就是為什麼要去農場走走，甚至可以的話，參與地方上的農業計畫或園藝活動，都是極其重要的。加上適切的疫苗和留意基本傳染性疾病原則，像是什麼東西容易帶有潛在的致病生物（不要吃豬糞便、不要用摸過生肉或是腐肉的手來抓東西吃等等），你的孩子就能自由地探索這世界，在這過程裡變得又髒又好。

68.
我該養狗嗎？

　　該唷，而且越早越好。你可能已經注意到，只要在寶寶的活動範圍裡出現狗狗時，寶寶老是往狗狗爬去。部分原因是人類長期以來對犬科動物有著天生的迷戀。我們將牠們繁殖成好幾百種的品種，也歡喜地領養各種體形、毛色和大小的雜種狗。這是一個雙贏的關係。

　　我們給牠們食物、住所、運動和感情，牠們給我們成堆的愛、友誼、可以一起玩好幾個小時和不計成本的服務（有人在門口！讓我抓住那頭羊。你想要松露嗎？我來找給你吧）。人和狗之間還有一層看不見的關係，你可能也沒察覺。每當狗狗跑回家時，他都從外面帶回一些細菌，因此使寶寶接觸微生物的種類和數量增加。這聽起來好像有點風險，其實不然。發育中的免疫系統與這些細菌互動時，對系統發展很有益處[5]。

　　研究人員培養了狗的乳酸桿菌，然後移植給有氣喘的小鼠，他們發現小鼠氣喘發作的機率明顯下降[6]。這個發現可以解釋為何與狗一起長大的孩子，氣喘和過敏的機率下降了十三個百分點[7]。

　　另外一項先前提過在羅布實驗室進行的實驗，邀請六十個家庭（有些有小孩，有些有狗，有些都沒有）[8]，其中十七個家庭裡有六到十八個月大的孩子。另外十七個家裡有狗沒有小孩。八個家庭同時有小孩和狗，另外十八個家庭沒有小孩也沒有狗。神奇的是，在家裡養狗顯著地增加了伴侶間共享的細菌數量。狗似乎增進了細

菌在家裡傳播的狀況。這些伴侶同時也與彼此分享了較多自己的細菌。換言之，擁有一條狗使他們在微生物層次上更加親近，但有個小孩卻不會。這些狗狗像是形塑伴侶們微生物群系的渠道。

傑克實驗室裡的一項研究發現類似的效應，一個家庭的微生物群系和一隻住在室外的貓有關[9]。目前沒有確切的研究在比較室內與室外的貓是否帶來不同影響。但我們知道室內的貓不會比室外的貓帶來更多對免疫系統的刺激。無論如何，任何在你孩子身邊的動物都能增加他對更多種微生物的接觸。

想想還蠻有道理的。我們有馴養狗的祖先，比起那些沒有養動物的人更有優勢。我們推測，經常與狗相處的人，能發展出適應犬科動物細菌的免疫系統。很簡單的，我們習慣了這些動物身上的細菌。然而當今日生活環境改變，這些細菌的缺席，反而造成某些人免疫功能失調。這是對演化的推論，我們沒有時光機，無法直接證明這樣的想法，但很多動物實驗的結果和對人類的觀察，讓我們相信這假說。

Q
69.
醫院有多危險？
如果孩子需要開刀，我該擔心院內感染嗎？

　　醫院裡滿布超級細菌？但請記住，醫院本身並不危險，你看，醫護人員的起居都在醫院裡，也沒有因此而染上重大疾病。就算有人在醫院裡受到感染，也是個別案例，不是每間醫院都有滿地爬的超級細菌，我們都別太過緊張。傑克的兒子好幾次因為骨折和手術而住院，傑克腦海中滿是惡夢的場景，當然，就和其他家長一樣。事實上，兒子被傳染的機率微乎其微，但他還是會害怕，這是很自然的反應。尤其每當狄倫要接受麻醉時，他都得簽署（包含死亡風險）的同意書。此時，除了恐慌，什麼專業訓練和邏輯根本派不上用場。我們都是人，這樣的擔心是人之常情。

　　身為外科教授的傑克，與外科醫生一起工作時聽了很多故事，也看了許多醫生因為病人被感染而怪罪自己的故事。然而，有越來越多的證據說明，許多感染並不是外科醫生的錯。相反的，可能要歸咎於對手術過程可能發生的狀況不夠理解。

　　以腸胃手術為例。打從有外科手術開始，醫生都知道，病人會康復或死亡取決於腸道微生物。大部分對腸道微生物的顧慮，都著眼於要小心別讓細菌逃出既定的範圍，避免引起其他部位感染。這的確是需要顧慮的，但整體來說，醫生專注於修復受損的人體組織，並且施用抗生素時，經常忽略了周圍其他微生物的情形，還有手術對牠們的影響。當感染發生時，外科醫生和團隊都以為他們哪裡做錯了，是弄進了一隻病菌，還是漏了一針。

直到現在我們才發現，原來腸道微生物群系僅僅因為手術本身就備感壓力。當腸道被切開時，氧氣滲入其中，這對許多腸道裡的細菌來說是有毒的，致使身體裡被注滿了抗生素。最後，身體因為試圖自我修復，並對自己受到的壓力情況做出回應，開始清除腸道裡的磷酸鹽（一種細菌吃的重要分子），成為最後一根讓細菌餓死的稻草。有些試圖把食物弄回來，牠們移動到剛才被縫合的腸道部位，並開始吃胃壁[10]。這將對人體帶來災難性的後果。

　　我們這才領會到，如果能更了解手術中的腸道細菌，對避免術後感染相當重要。

　　如果你的醫生建議對孩子進行手術，你需要評估接受或拒絕的風險。這包括直接的手術風險，和抗生素對孩子微生物群系的效用。院內感染每年奪走了上萬條人命。每天，在每二十五個病人中就有一個受感染。許多案例中，病患在入院時已經帶有造成感染的生物，住院的壓力使這些生物在人體裡占上風，或是為某細菌啟動活命策略。當然，有些不時會發生的例子是，病人已經很脆弱時，在院內被另外一位患者、一個物體表面，或被汙染的器具傳染——這樣的狀況的確發生了。但醫院已經盡可能的避免這樣的感染。假如這類型的感染繼續發生，就表示也許我們需要重新思考策略，也許需要開始治療病患和他們的微生物群系。

　　即便如此，很少有嬰兒在醫院被感染，這都要感謝國人致力在改善新生兒加護病房的環境，醫生、護士和工作人員加倍的努力維持清潔。例如，他們更頻繁地洗手、移除戒指或其他與外界接觸過的配飾，並保持警戒地進行醫療程序。因此，在 2007 到 2012 年間，中央靜脈導管的血液感染，和與通風系統有關的肺炎，發生的機率都降至一半以下。

Q 70.
吃泥土對我的孩子真的好嗎？

　　我們已經談過衛生假說（hygiene hypothesis）了。與農場動物和許多種類的植物接觸，可以降低特異體質過敏症的風險，減少過敏性鼻炎、食物過敏、氣喘和皮膚過敏（異位性皮膚炎）的機率。如果能力可及，而且你不擔心捷運裡的細菌的話，就到戶外和農場走走。

　　我們還有另一個不論在鄉下、郊區或城市都可以遵循的建議。讓你的孩子在泥巴裡玩（甚至是吃）。土壤是微生物的天堂，每公克裡有超過數十億的細菌細胞、真菌和病毒。除非土壤的附近有很多動物糞便（蠻噁心的）以外，你可以放輕鬆，因為你知道土壤裡能讓孩子生病的生物不多。土壤是很好的資源，也是讓孩子接觸一個複雜的微生物族群、訓練免疫系統的絕佳機會。

　　當然如果你的孩子缺乏抵抗力，或是相當疲倦且感到不適，可能是土裡的細菌趁身體抵抗力較弱的狀態下占他便宜，使他病得更重。但這可能性很低。一項最近發表在小兒科學期刊《Pediatrics》上的研究說，孩童放進嘴裡的髒手對他們是有益的 [11]。在紐西蘭的研究人員追蹤了近千位在 1972 ～ 1973 年之間出生的人，直到他們滿三十八歲為止。當他們五、七、九、十一歲時，研究團隊訪問他們的父母親，孩子是否會吸大拇指或咬指甲。然後他們在十三歲時接受了對狗、貓、黴菌、灰塵或草的常見過敏原測試。其中，有「口腔習慣」（咬指甲等）的人之中，有 38% 呈陽性，不把手放入口中的那些人則有 49% 呈陽性。這研究只針對行為之間的相關

性，而非因果關係，但還是很引人深省。

　　吸大拇指和咬指甲（咬指甲癖）是得到髒汙很有效的方法。手指甲裡經常性地住著一百五十種以上的細菌，大多長在甲床下，再加上一般性的髒汙。孩童以把手弄髒聞名，因此姆指們就是最好的運輸系統了。

Q 71.
我把家裡打掃得太乾淨嗎？還是太髒？
我多久該清理浴室一次？

該把家裡弄得多乾淨實在不好說。很明顯的，像是生雞肉或是沒洗過的產品表面，可能要清洗乾淨。而且你不希望浴室變成汙垢、腐爛糞便和有害細菌的巢穴，因為牠會開始發臭，看起來也很噁心。

然而，過度的清潔與許多疾病包括氣喘和過敏有關，那些住在微生物多樣性較高的家庭裡的孩子，過敏的機率較低。

有些過度清潔或是過度骯髒的例子，可以用較具體的問題來說明。傑克的媽媽以前老是說，一個家應該要夠乾淨以保持健康，但也得夠髒來維持好心情。沒有人想要住在醫院或博物館裡。畢竟房子是拿來住的，必須是一個充滿朝氣、溫暖舒適的地方。但還是有一些基本原則，首先你只需要在地毯上有汙漬，或是有一股臭味傳出（像是被寵物弄到）時，用蒸汽清理就行了。為了要定期「維持地毯裡沒有細菌或是其他害蟲」而用蒸汽清理，完全沒有道理，也沒有必要。

關於用手洗碗這個問題。用熱水洗碗雖然不會殺光細菌，但仍然是好的。比起只用洗碗機的家庭，用手洗碗的家庭較少有過敏或氣喘的狀況。盡可能保持居家環境良好的通風，就像是新春大掃除一般讓灰塵出去。灰塵裡大部分是你的皮屑和皮膚裡的細菌，開窗讓屋子呼吸是個好主意。在家裡種點植物或養一兩隻寵物，這些可貴的細菌來源，能使家裡的微生物更多元。

雖然漂白水是清除黴菌和髒汙很好的辦法，但請謹慎地使用，不需要什麼都漂。如果你擔心危險的食物媒介疾病在流理台散播，你大可用酒精片或是熱肥皂水來清理，不需要用漂白水。不過，有好幾次傑克透過電話接受廣播訪談，提出相同的建議時，卻一轉身就看到他的太太正在使用漂白水，他只好假裝沒看到。至於冷氣，時不時將空調關掉，使用自然通風，這樣做可以節省能源（只要外面還不太熱），而且還能交換室內外的空氣。家裡不需要用 9.99 美金的超薄高級濾網，買最便宜的就好了，家人不會因為這樣而受到傷害。事實上，那些便宜的濾網，就是用來阻止大顆粒子（這也是設計濾網的原意）、保持空氣管道乾淨。運用常識明智地過生活，不要像有潔癖似的，你會過得很好的。

Q 72.
我該要求孩子經常洗手嗎？
多久一次呢？

在孩子碰過一些可能帶有病原體的東西之後，用肥皂和水洗手會是個好主意，像是從醫院回家，或是碰到流理台上的生肉。

你不需要抗菌或是消毒藥水棉片，因為它們的益處不如廣告宣傳那般。即使是比抗菌產品稍好的酒精棉片，也會造成一些問題：酒精把孩子的手弄得很乾，使不好的細菌更容易繁殖。重點是，讓孩子建立吃飯前洗手的習慣，能大幅地減低感染食物媒介、糞口傳染和呼吸道等疾病的風險。的確，根據疾病控制與預防中心的資料，好的衛生習慣能預防 30％因腹瀉和 20％因感冒而引起的疾病。

73.
Q 我應該使用抗菌肥皂或洗手液嗎？

不用，除非你在醫護環境裡工作，那裡有比較多的病原體。一般日常生活，用肥皂和水就足夠把手弄乾淨，並維持健康了 [12]。

2016 年 9 月 3 日，美國食品與藥物管理局（FDA）對抗菌肥皂和洗潔劑發布了一項最新的規定，列出了十九項禁用的原料，其中包括二氯苯氧氯酚（又名三氯沙），一種會與細菌酵素結合的化合物，並阻礙細菌繁殖。三氯沙一直以來都被加在大量的商品裡面，包括肥皂、洗手液和沐浴乳（現在都禁止添加），也被加在體香劑、洗潔精、化妝品和牙膏、衣服、廚房用具、傢俱、玩具和（仍被允許使用的）塑膠裡面。三氯沙本來是為了要殺「有害的」細菌，讓產品變得具有保護性，但如我們所知，這並不是個好主意，因為它同時會殺光益菌（你不會因為殺菌而長壽的）。

有證據顯示，三氯沙會傷害兒童健康。它是一種內分泌干擾素，會擾亂荷爾蒙功能，也有部分證據說明它可能會干擾甲狀腺、睪酮與雌激素調節，雖然立論還不是很明確。它還會擾亂孩子體內無害的細菌群體，促使肥胖症、發炎性腸道疾病、代謝疾病等。這個化學物質也與學習和記憶障礙有關，並且會加重過敏、減弱肌肉功能。但支持這些論點的證據也不是非常有說服力。它也與早產和出生體重太輕有關。在胚胎發育、嬰兒和孩童階段，若長期與三氯沙接觸，會導致長期性的損害。

最近，三氯沙變得惡名昭彰，因為科學家發現細菌會對它毫無反

應或是產生抗藥性，被視為對抗生素產生抗藥性的超級細菌的好夥伴。

　　這看法並不正確。雖然細菌可能會對三氯沙產生抗藥性，但這些細菌不是臨床抗生素，沒有任何證據可以指出，三氯沙產生的抗藥性會降低醫生開立的抗生素效力。三氯沙已經進入 75％的美國民眾身體裡。血液、尿液和母乳裡面都能檢出。歐盟以此為警訊，早在 2010 年禁生產止含三氯沙的商品。明尼蘇達州兩年後也跟進。到了 2013 年，美國食品與藥物管理局（FDA）規定，製造抗菌日用品的廠商，必須要在 2016 年 9 月之前提出他們的產品安全證明。結果，寶僑馬上移除許多商品裡面的三氯沙成分。但你還是有其他的選擇，像是不含三氯沙，以酒精為基底的洗手液。所以當你想要擦掉手上的細菌時，你還是有更好的替代方案。然而，不論是支持還是反對這類手部清潔液的證據都很薄弱。以酒精為主要成分的手部清潔液，能殺死許多有害的細菌，如果你剛與生病的人接觸或去過充滿病童的診所、醫院，你應該用這樣的產品。但是重複地、不必要地使用手部清潔液，會使天然保護皮膚的微生物群體受損。這可能會使病菌更容易進入身體，然後感染你的寶寶。所以，你應該在真正有風險的時候才使用手部清潔液。

近期許多研究開始探索三氯沙對微生物群系的影響。其中一項研究發現，抗菌皂殺菌的功能沒有比一般的肥皂和水來得有效，並發現唯一能讓含有三氯沙的肥皂比一般肥皂有效的方式，是保持九小時的接觸。但誰會花九小時洗手呢？

另一項研究以高劑量的三氯沙餵食斑馬魚（一種常見的實驗用生物，也常在寵物店的平價區買到）長達一週。研究人員觀察到，這些魚的微生物群系在結構上、多樣性和互動網絡的改變，也發現牠們體內的細菌對三氯沙的抗藥性漸增。但那些只吃了四天的魚沒有這些改變。

第三個實驗在胖頭米諾魚（一種鯉科小魚）的棲地裡加入低劑量、與環境相關的三氯沙。一週後，這些魚的腸道微生物多樣性有所不同。但是在兩週都沒有與三氯沙接觸後，牠們的微生物群系恢復到原本的組成和結構。

最後，一項於 2016 年發表的研究，試圖了解三氯沙對體內微生物的效應。研究人員比較那些連續用含有三氯沙的個人用品（牙膏、肥皂洗手液和洗碗皂）四個月的人，與沒有使用添

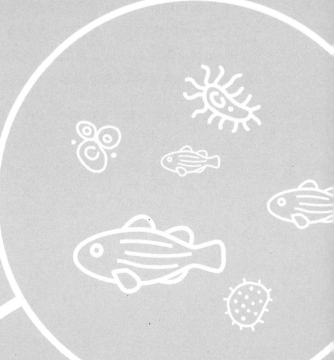

三氯沙

加三氯沙的人比較。所有接觸到三氯沙參與者的尿液裡，都有高濃度的殘留，但糞便或是口腔裡的微生物群系都沒有變化。同時，他們的荷爾蒙也沒有改變[13]。

我們考慮了幾種可能性，可以解釋實驗結果之間的差異。斑馬魚和米諾魚對三氯沙的曝露量遠高於參與的人，因為我們通常馬上就會把牙膏和肥皂之類的東西沖洗掉。另外的可能性就是三氯沙量已無所不在，甚至在子宮裡，我們的微生物就經適應了這些化學物質。在實驗的四個月內，沒有使用三氯沙的人，尿液中還是有低劑量的殘留。

我們需要更多的研究來確定三氯沙是否會影響人類微生物群體。我們還不知道代謝三氯沙的附加產物，是否會影響腸道微生物的結構。我們需要對劑量、時間點和三氯沙曝露途徑進行研究。三氯沙能迅速地被皮膚和消化道吸收，但我們通常只將它塗在局部的地方，而不是像魚一樣吃進去。在使用個人衛生用品時，像是牙膏，曝露量很小又短暫。但是在地表、土壤和飲用水裡的三氯沙，可能會累積於人體組織中而帶來風險。

最後，如果三氯沙真的影響了腸道，我們能扭轉這狀況嗎？微生物群系的擾動，是否對神經和免疫發展造成長期影響的關鍵期？如果有的話，就算是短且低劑量的三氯沙曝露，都會改變腸道微生物群系和發育中嬰兒的健康，所以孕期中、妊娠和產後的三氯沙曝露，都比成人受到曝露還要不利。

Q 74.
如何選擇抗黴除疹霜、抗菌濕紙巾等嬰兒用品?

一般來說,大多數嬰兒用品都有經過測試,確認他們的清潔效果,但不會檢查哪些副作用會對微生物群系留下長遠影響。請特別留意,未達美國食品與藥物管理局規章的商品,背後都缺少科學證據支持。然而,這不代表那些商品無效。反之,當某商品沒有經過安全性測試,就不該假設這商品是安全的,我們只能說目前沒人花功夫去做檢測。在沒有檢測報告的情況下,你還是有商品說明書可以參考。如果東西是要給小孩用的,你更需要注意成分和副作用,寧可用酒精抗菌濕紙巾,讓孩子的皮膚乾燥,也該避免含有三氯沙的濕紙巾。

另一個更好的選擇,可能是用比較溫和的肥皂和水,這些就能有效地清除有害的細菌和病毒。所以當孩子從地上撿起什麼超級噁心的東西時,無須擔心。拿塊肥皂和用水努力地搓洗孩子的手二十秒以上。(疾管署建議唱兩遍〈生日快樂〉,你可以大肆地唱,因為這首歌沒有版權問題。)在加州大學聖地牙哥分校,羅布微生物學實驗室裡工作的研究人員,在安全訓練時被指導用肥皂和水清潔。

的確,要知道哪些產品值得信賴不是件容易的事。任何有兩個孩子的人(像是傑克)都知道,對待老大所接觸的一切都要特別小心和謹慎,一旦上手後,老二就不再需要被保護得密不通風了。他和太太使用天然不含化學物質、只有水的濕巾給老大(狄倫)當尿布。當狄倫被黴菌感染或長尿布疹時,他們用益生菌優格來治療。他會建議你對孩子也這樣做嗎?有可能。但當老二出生後,他們就

改用拋棄式尿片，還有任何隨手可及的濕紙巾，他從未受到黴菌感染。所以每個孩子都不一樣，因此無法推薦某一特定的方式，建議你相信直覺，並且對商品的成分追根究底。

Q 75.
我的孩子摸到大便沒有關係嗎？

孩子碰到大便或甚至吃了一口的喜悅，對許多父母來說都不是新鮮事了。你是否需要緊張，取決於那是誰的大便。如果那是孩子自己的大便，或是家人的，好消息是他搞不好早就碰過那些微生物了。所以雖然很噁，但由整個系統看來並無大礙。如果是家人以外，只要沒有病原體的話，還是不需要太擔心。事實上，來自人類雙手或分解後的糞便，風化後發散到空氣中包裹著這大千世界。這些大便的分子演化成世間萬物，包括我們的祖先。這麼說來，我們都是大便演變來的（也許還是恐龍的大便）。你真該講這個故事給孩子聽。

至於狗大便，大多數犬科的微生物不會在人類腸道繁殖，反之亦然。所以也沒有關係，但有些寄生蟲和疾病，可能會在不同物種間傳染，包括梨形鞭毛蟲、隱孢子蟲和各種蠕蟲、真菌和含沙門氏菌（Salmonella）和曲桿菌（Campylobacter）等細菌。如果你將狗照顧得很健康，就算吃了他的大便也不需要擔心。

碰到病人的糞便比較危險。如果你的小孩不是貪食大便之徒，還吃剩一點的話，你可以留下來送去醫院做糞便感染和血液感染的病原體檢查（大便要保持冷凍）。無論如何，一般毒物控制的見解是糞便的「毒性極微小」（雖然超級噁心），大多數細菌會在四到八小時內作用。所以除非你有特殊的原因懷疑這位大便的人或動物有病，否則你能做的就是在家觀察孩子，萬一他吐了或是拉肚子再帶去醫院吧。

Q 76.
嬰兒多大時可以開始接觸外人？

通常會建議六到八週之後。原因是新生兒的免疫系統正在發育，帶有疾病的陌生人可能不會明說，就會對孩子造成威脅。

如我們提過的，陌生人的微生物群系傷害孩子的機率微乎其微，甚至非病原體的微生物群系有可能對孩子有益，但你必須要評估風險。如果是在公車上不認識的陌生人想靠近寶寶，也許該轉身離開。但如果是在朋友家裡遇到的陌生人，讓他抱抱孩子還蠻安全的。

新生兒在出生不久時，能做出的行為表達很有限，萬一他被感染了，可能只能等到出現症狀後才會注意到，那就有點晚了。嬰兒被感染的症狀通常很模糊，包括急躁、難進食、不規律的呼吸、哭泣和其他寶寶常做的事，甚至在受到嚴重感染時也不會發燒。所以如果你很早就帶寶寶出門，仔細觀察他們，看看有沒有生病的警訊，並請切記這些徵兆可能相當不明顯。

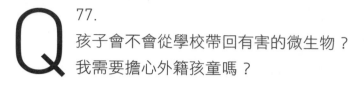

Q 孩子會不會從學校帶回有害的微生物？ 我需要擔心外籍孩童嗎？

孩子在學校一定會和其他人交換微生物，至於是好或不好的微生物還很難說。我們和每個家長都知道，學前托兒所和幼兒園就像是傳染性疾病的汙水坑一樣。孩子帶著感冒、流感、水痘、神祕的疹子、蟲子和其他討厭的搭便車者，以孩子跑過穿堂的速度，把這些疾病傳播給其他家人。

傑克想起他孩子第一次在學校得了頭蝨的事。當時他在印度參加會議，他的太太凱特很緊張，儘管仍在遠方的他也能感受得到。因為她開始煮衣服，為整間屋子消毒，並用各種洗髮精和梳子去除蟲卵。當他結束這趟又長又累的旅途，才剛進門就被要求脫光衣服。然後他全部的衣服也被拿去煮了，並且被要求必須用抗蝨洗髮精洗頭。他對這高規格的清潔感到困惑，因為蟲子出現時他根本不在家。但是凱特堅持一定要這樣才行。傑克帶著時差，經歷了這一切。

整體來說，雖然傑克家很少有從學校帶回來的急性健康問題，也許是因為學校對生病的小孩有很嚴格的規範。例如，當一個小孩說他覺得有點燙，學校就會打電話給家長，要他們把小孩帶走並隔離。傑克相信小孩用這招逃了幾次學。

但這種小型傳染病（microepidemics）真的只有壞處嗎？我們一直在談該讓孩子接觸更廣泛的多樣性微生物，好或不好的都行，不要壞到會傷害日後健康就是了。以免疫系統發展的角度來看，染上

一般性感冒和染上肝炎之間的差距相當巨大。

在學校環境裡很難避免被接觸性傳染疾病影響，所以我們建議你不要太過煩惱。多數感染都會自己好的，而且當你需要時，有很多先進的醫療照護供你使用。你也不需要擔心從外國來的孩子可能會帶來異地的疾病。美國移民政策要求每個進入海關的孩子出示疫苗注射證明。再者，除非孩子病得很明顯，否則他帶有極具傳染性的疾病的機率很低。

以一個豐富多元的微生物接觸經驗來看，如果你的孩子和外國小孩接觸一段時間，其實對孩子的微生物多樣性是有幫助的，對他的健康也會帶來意想不到的好處。而你也很難預料：或許還能學會一個新的語言唷。

Q 78.
我有沒有把不好的微生物從工作場所帶回家？

每人每小時大約會脫落三千八百萬個微生物，所以當你和其他人接觸時，就會撿到他們的某些細菌 [14]。因此一定會把微生物從工作場所和每個去過的地方帶回家。但這些細菌壞不壞是另一個問題，除非你在某些地方像是停屍間或醫院這種帶有病原體的場所工作，否則應該沒事。然而，如果你正是在這些場所工作，回家和家人互動前必須將手仔細地洗乾淨，必要時，請用消毒液。

傑克一直以來都在微生物相關的實驗室工作，但他從來都不擔心危險生物的潛在風險，直到生了第一胎。太太開始擔心他會把研究的菌株一起帶回家。其實就算有，也從來沒有引發過任何問題。但這讓傑克開始思考，像他有時會穿著綠色手術服在醫院外面走動，其他人是怎麼看他的？大家一定覺得手術服爬滿了危險的超級細菌。醫院是個危險的地方對嗎？嗯，對，但是護士不太可能會穿著帶有致命毒劑的手術服，在公共場合傳播，並使任何人生病。

事實上，醫院、實驗室和肉類加工廠等可能散播危險生物的場所，都有非常嚴格的安全規範，讓員工為了自身及他人的安全確實遵守。

很多人問我們，陌生人的細菌對孩子是否有安全疑慮？我們一直在告訴你的是，細菌在我們周圍自由地移動。你該讓外人靠近孩子嗎？你擔心在工作時那些「很髒的」人，會用他們自身「不好的」微生物種「汙染」你嗎？但請記得，人類體內的細菌非常地類

似。事實上，當我們利用人體菌種來辨識個體時（微生物法醫鑑定領域，傑克和羅布都很感興趣），我們仍可以辨識你皮膚上的微生物是屬於人類的，特別是當我們拿人體微生物，來跟一隻狗、猴子或是一條魚的微生物比較時，人與人之間的微生物相似性還是高於和其他物種的。所以不需要因陌生人的細菌而煩惱，基本上，就是那些不僅常見，並且與你身上相同的菌種。

這個領悟，讓傑克不再對公共廁所懷著厭惡感。接受他人身體排出來的東西，想起來就超級噁心。他討厭它們。那氣味讓他開始想像某些不該想像的人，做著那些他不想要知道細節的事情。但在我們現代社會裡，大多數嚴重的傳染性疾病已經被根除，他（或是你）要在廁所裡遇到極危險的微生物，可能性很低。到頭來，他所看見的不過就是一間充滿人類皮膚細菌的廁所[15]。

羅布和科羅拉多大學的一項合作計畫裡，探討了宿舍廁所裡各種細菌的來源。採樣進行得很順利。他們一早去採樣，並確認廁所在採樣之前和過程中沒人使用。自然地，有些學生不滿廁所被上鎖。有一天，門上被貼了「女孩們，從男生廁所滾出去！」

研究人員發現，糞便的細菌基本上會侷限在每一個廁所隔間裡，你在馬桶座上找到的都是人類皮膚細菌。就算公廁變得惡臭難聞時（我們都遇過這樣的情況），也只需要簡單清潔就能恢復原貌。即使如此也沒有辦法阻止傑克生氣，因為有些人就是無法在使用廁所後，而不弄髒它。舉個例子，傑克若是看到被用過的衛生紙掉在地上時，還是非常有可能會撿起來，然後丟進垃圾桶裡。

Q 79.

我應該要擔心寶寶撿地上的東西吃嗎？

傳說掉到地上的食物或餐具，在五秒內撿起來的話，就不會被細菌感染。這聽起來很吸引人，但不是真的 [16]。食物、湯匙、奶嘴或是髒髒的小手指頭，在進到孩子嘴巴前碰到任何東西表面，那東西都會沾上細菌的細胞。如果那表面很潮濕或很黏，例如一片塗滿奶油或果醬的土司麵包，就會弄到更多的細胞。

但問題是，你需要阻止孩子將掉到地上的東西往嘴裡送嗎？是因為很噁心，還是擔心會因此染上病原體？

這取決於他們從地上撿起的東西，以及地板的材質。很明顯地，如果小孩逮到一片腐爛的食物，就該盡快從他手裡和嘴裡拿走，然後監控是否被感染。這不表示他一定會生病，但腐爛食物致病的可能性高於一個從地上撿起來放進嘴裡的玩具卡車（雖然他可能會被卡車噎到）。如果寶寶從客廳地上撿起一樣物品，你大概知道這東西到底乾不乾淨。如果是骯髒的小巷子，就比較難判斷了。你得自己做出決定。寶寶透過一口接著一口吃著微生物來訓練他們的免疫系統。事實上，寶寶不斷地把東西放入口中的反射動作，也許是演化自增加早期微生物曝露的機會。當然，我們沒有什麼證據，純粹是個合乎目前發現的理論。

Q

80.
我該消毒寶寶的安撫奶嘴嗎？我該舔它嗎？

沒有可信的證據能說明，舔嬰兒的奶嘴會有任何危險。相反的[17]，瑞典科學家觀察 184 位嬰兒和他們父母清潔奶嘴的習慣，大約有一半的父母說他們用水沖洗奶嘴，並偶爾煮沸它。另外一半說他們會在每次給寶寶之前吸一吸奶嘴。

當寶寶十八個月的時候，那些父母以吸奶嘴來「清洗」的寶寶們，得到氣喘、濕疹機率較低，對食物和空氣傳播的過敏原較不會起敏感反應。父母口水裡的微生物被證實能刺激寶寶的免疫系統，預防疾病發生。有些牙醫警告這樣做會讓細菌或病毒從你身體傳給寶寶，所以假如你的口腔不是很健康，像是有牙齦疾病或是流血、嘴唇疱疹、口腔潰瘍、喉嚨痛等與嘴巴和喉嚨有關的問題，都不該這麼做。但當你很健康的時候，沒有證據說交換唾液、共用一個碗，或是舔一舔奶嘴會對寶寶帶來危險。無需多疑，你會想要給寶寶友善的微生物的。

Q 81.
我聽說紐約市地鐵裡有瘟疫和炭疽菌的微生物。
帶我的小孩去坐地鐵安全嗎？

　　很安全，這裡會解釋給你聽。目前正在努力研究「人造環境」裡的微生物，包含家裡、辦公室大樓、醫院和其他公共場所。我們在其他章節裡已經討論過其中一些，像是空調、家中清潔和洗碗等議題。答案是：人造環境裡大多只有從人體身上剝落的死細菌，有些是死於不適合居住的荒地，像是混凝土板、乾燥地毯、桌面或瓷磚地板上。這些細菌少了水分、養分或是像家一樣舒適的宿主，通常會掰掰。而那些沒有立即死亡的，可能會在人與人之間傳播，但在某個表面上找到一定數量而具有傳染力的可能性相當地低。唯一的例外就是，在住有罹患傳染性疾病的病房裡。但大多數的病原與外面世界是隔離的。你不會有很多去病房的機會，除非你是位醫護人員，而醫護人員知道該如何保護自己。

　　不過，一項研究發現，紐約地鐵裡有瘟疫和炭疽菌[18]。這研究是錯的。隨後重新分析這項研究的資料，和一項在波士頓地鐵裡進行的新研究都沒有發現病原體，只有皮膚微生物[19]，而且大多數是已經死了的廣生性物種（environmental generalists）。地鐵就跟你的客廳一樣安全。實際上，在地鐵裡的具抗生素抗藥性的微生物甚至比在一般人體腸道裡的平均值還少。所有細菌群體都具有對抗抗生素的能力，因為牠們需要靠自己的微生物抗生素儲備戰力，來對抗其他想要殺死牠們的細菌。地鐵基本上完全沒有這些細菌，不過也可能是因為大多數的細菌都死光了。

　　問題來了。當我們分析從一個環境裡分離出來的DNA（去氧核糖

核酸）時，我們藉著比較資料庫裡的 DNA 序列，來描述這個未知的微生物群體（我們說過微生物有牠們自己的 DNA，所以這裡是講微生物的 DNA）。然而，大多時候，微生物生命是很多樣化的，所以當我們做了很多 DNA 排序時，就算他們和資料庫裡某段已知的 DNA 有相似之處，可能也是完全不同的物種。但報導一種未知物不是一件令人興奮的事情，所以有時候研究人員會被誤導開始從資料裡面生「故事」來說。好在，每當有這種「故事」時，其他科學家會嘗試複製結果，若是無法重現實驗發現，便會提出質疑，揭發實情。

羅布最喜歡的一個例子，是使用排序資料來辨識新鮮蔬果裡的沙門氏菌（Salmonella）[20]。沒有證據能證明番茄裡面有病原體，但是從根部和葉子搜集到的樣本卻找到紅原雞、家鼠和很罕見的鴨嘴獸的蹤跡。哈，這裡也有鴨嘴獸基因在人體腸道的偽證。當然，鴨嘴獸沒有在番茄的葉子或是人類腸道裡面（除非你吃了一隻！），但如果研究人員不顧一切的想要為找到的每段 DNA 命名，他們就會做出這種報導。當然是假的啦。

因此，不要讀到什麼都相信。這是我們之所以寫這本書的重要原因。我們要從各式各樣的資訊中去蕪存菁，讓你讀到的都是可靠的證據。

Q 82.
我的孩子應該參加聖餐禮嗎？

每個家庭會參加聖餐禮(※1)與否，通常是因為許多「非科學」的因素來決定的。然而，由一個微生物群系的角度來看，高度加工的碳水化合物，像是夾心餅乾裡的那種，對孩子不是很好。少量的酒精對微生物多樣性很好，但沒有對幼小的孩子進行過調查，如你所見，要得到研究經費或是找到人讓寶寶來參與實驗，非常困難。

另一方面，一起用飲料容器會傳染感冒和流感，或其他更嚴重的病原體，像是結核病。這也是為什麼二十世紀初期要以飲水機換掉「共享杯」，對公共衛生有很正面的貢獻。

整體來說，接受聖餐禮不會讓孩子得到什麼疾病，而且我們也沒有證據說接觸其他人的口腔微生物群系，對他們的健康有什麼影響。

---

1. 聖餐禮：在教會裡分食無酵餅和葡萄酒，象徵基督聖體和寶血。

83.

我應該用洗碗機還是用手洗碗？
怎樣做對微生物的健康最好？

聽到用手洗比機器洗還好時，你可能會很驚訝[21]。這原因和你的老朋友「衛生假說」（hygiene hypothesis）有關。很多舊式的洗碗機在清潔過後，以加熱的方式來弄乾碗盤，殺光了大多數的細菌。在日常生活中，你會希望孩子可以接觸更多好細菌的。

相比之下，用手在溫水裡洗碗則不會殺光細菌，只能洗掉看得見的食物殘留。這表示手洗的碗盤有較多的微生物，可能會協助訓練和刺激孩子的免疫系統。一項在瑞典的兩個城鎮進行的實驗發現，用手洗碗與孩子過敏的風險減低有關。然而，這研究沒有直接證明用手洗碗是否造成了過敏風險降低，因為這兩者都可能受到家裡其他因素影響。

要確定機器洗碗是否會減少微生物曝露量，進而增加過敏機會，我們需要打擾人們的生活。有些人可以用機器，其他則不行。理想上，我們應該要在參與者不知道的情況下進行，而且我們得找個上千人來施測。不僅是因為這根本上就不可能做到，也因為這實在是貴得令人卻步。這是一個解釋「為什麼沒有答案」的理想例子。還有為什麼我們常得仰賴相關性研究。

另一個問題是，新型省電洗碗機沒有用加熱循環。取而代之的是，他們使用化學物質，以防止水在乾燥的過程中聚集在碗盤上。我們不知道這些化學物質會對細菌起什麼作用，但他們讓碗盤變得超乾，這樣也會殺死很多的細菌。

傑克最近剛買了一台這種沒有加熱循環的洗碗機，當他正一邊讚嘆這機器的省電功能時，也一邊擔心用來弄乾碗盤的洗碗機專用光潔劑。它會讓水形成小水滴，較容易從盤子和餐具上蒸發或流走。這些化學物質在高劑量時會有副作用，千萬不該喝它。我們沒有證據可以說明它會傷害你的微生物群系，尤其是在洗碗機裡被用過之後。但傑克正密切注意相關文獻。雖然新型的洗碗機很方便沒錯，但在收到第一筆警訊時，他和孩子們就會開始用手洗碗了。

84.
孩子該多久洗一次澡？

沒有微生物群系的明確研究，建議你該多久給小孩洗澡。甚至在有異位性皮膚炎（一種與免疫功能和微生物群系有關的皮膚病）的情況下，也沒有醫療權威對最佳洗澡頻率和長度做出建議。

一項研究指出，較常洗澡的小孩容易有氣喘[22]。但我們沒能找到任何流行病學上的證據，能連結幼兒洗澡頻率和氣喘、過敏或任何其他微生物群系的疾病的關係，這有點奇怪，畢竟最近衛生假說（hygiene hypothesis）很紅。

美國的自來水高度氯化，這是為什麼你在泡澡時會特別想睡覺的原因。熱水釋放了氯氣，當你吸氣時產生鎮靜效果。這有可能會造成孩子皮膚上的微生物群系受損。但我們得強調，沒有研究測試過這是不是真的。

傑克的孩子很喜歡泡澡，而且會花大把的時間在溫水裡嬉戲。他們都沒有任何皮膚疾病。他和太太也很喜歡泡澡，因為可以短暫地與世隔絕。他們曾想過在家裡弄個自來水淨化系統去除水裡的氯氣，並「清洗」水裡的化學成分，但終究沒有做。即使如此，傑克家裡沒有人因為過度泡澡而產生任何副作用。

羅布的女兒也很喜歡水，不論是泡澡、游泳池還是海洋。他沒有試圖讓女兒遠離氯氣，雖然有時也會擔心。他們的冰箱裡有個濾水器，但如果因為很方便而想要喝自來水的話，父母也不會阻止她。

Q
85.
我應該讓孩子喝公共飲水機的水嗎？
還是給他們自來水或瓶裝水？

據我們所知，在已開發國家喝公共飲用水沒有危險，但是自來水和罐裝水則不然。

我們之前有談過雙酚 A（BPA），雖然在許多種塑膠製品裡都已經去除此成分，但很多罐裝水的瓶子仍帶有雙酚 A，可能會影響孩童發育和微生物群系。

公共飲水機所提供的自來水裡，氯和其他礦物質的含量很高，可能會對孩子的微生物群系帶來負面影響。不過要喝下很高劑量的自來水，才會生病（有些地區的自來水則不能飲用，像是香港）。

總之，不管是飲水機或瓶裝水的水，傑克和羅布都會讓孩子喝。比起這些潛在風險，脫水的危險顯著地高了許多。

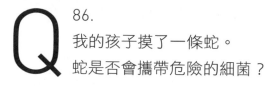

Q 86.
我的孩子摸了一條蛇。
蛇是否會攜帶危險的細菌？

　　傑克和羅布都和抓來的蛇一起長大。就我們所知，我們之中沒有人因為碰了蛇而生病的。傑克在六歲時加入了幼年爬蟲學家社團（英國爬蟲學會的一部分），他熱衷於認識所有關於照顧爬蟲類和兩棲類動物最好的方法，包括牠們吃什麼、喜歡何種環境，甚至知道該怎麼取悅牠們。讓這些動物保持愉快的心情對他來說很重要。切記，那是 Google 前的時代，所以他主要是從圖書館或學會的通訊找資料的。傑克養的是襪帶蛇，而且覺得襪帶蛇在他家附近的野地裡成長是件有趣的事。在伊利諾州，他們經常在大草原上曬太陽，抓住牠們給孩子看，然後再放走牠們。

　　六年前，羅布發表了一篇有關「緬甸蟒腸道微生物相（microbiota）在進食後的改變」的文章 23。這華麗的動物是守株待兔的覓食者，會在一段很長的時間間隔裡吃下巨大獵物。羅布想知道牠們的腸道是怎麼做到的。這基本上是運動員英雄式的壯舉，因為牠的內臟，像是心臟和肝臟將徹底地改變，在質量瞬間增加了30~40％之後。他想知道微生物群系是不是也一樣。在禁食期間，巨蟒的腸道縮得好小好小，牠的微生物群系會變成一個有更多細菌靠細胞壁維生的狀態，但是細菌總量卻非常稀少。當一條蟒蛇吞下一隻老鼠時，牠的微生物群系重新塑形，多了很多像厚壁菌門能快速生長的細菌。我們從其他研究中得知，巨蟒的微生物群系與一隻肥胖的小鼠很相似，這說明了不同物種的微生物群系在極端的進食後有一樣的反應。他和同事想確認這微生物是否來自老鼠。要

找出答案，他們得像蛇吞老鼠那樣地檢驗老鼠，也就是整隻老鼠。所以他們買了一台工業用的攪拌器，把一整隻老鼠磨碎，並檢驗牠所有的微生物。結果的確證實了，巨蟒腸道裡大部分的微生物不是從老鼠身上來的，而是在吞食老鼠時為了要消化牠，而儘可能快速生長出來的。

不過，蛇、其他爬蟲類和鳥，都可以讓沙門氏菌株寄宿。我們知道有嬰兒在喝了蛇碰過的水之後受感染。當然，如果你和動物有直接接觸的話，被感染的機率就會提高。這是常識。你應該要在碰過任何野生動物之後洗手，因為牠們可能帶有危險的病原體（想想伊波拉病毒、沙門氏桿菌症和流感），會傳給人類。

因此，如果你的小孩有養蛇，或可能與蛇有接觸，你該特別留意他們有沒有腹瀉。告知你的醫生他們可能接觸到沙門氏桿菌。

於此同時，與動物的微生物群系接觸，可能會協助孩子的免疫系統發展，預防免疫相關的疾病。不過，我們得強調這些都還沒有證據，純粹是出於對蛇的熱愛。

Q 87.
旅行對孩子的微生物群系有什麼作用？

關於旅行對微生物群系的研究，大多數都是針對成人，所以可能無法應用在孩童身上。這是因為孩子很脆弱，與他們所參與的研究都需要經過嚴格的道德規範。除非是針對孩童的研究，否則我們傾向對成人志願者進行初步研究。雖說如此，微生物彼此的交互作用，或與人體的交互作用，在不同年齡之間有許多共同點。特別是在談論旅行時，我們在孩童身上觀察到的趨勢，與我們根據成人研究所得到的微生物證據而做出的預設相當吻合。

在地球上的所有生命，都是藉由地球運轉接受的日光波動所決定的。這個現象創造了許多生物時鐘，一種能在環境條件改變時預測和感知時間的振盪器。所有的生物都有生物時鐘，包括從最小的微生物到最大的藍鯨。

至於人類，你體內有一個主要的時鐘在大腦裡，但同時有好幾十打的時鐘在不同的器官、組織和其他身體部位，控制著新陳代謝、行為和免疫系統。他們全都需要同步，你才能保持健康。

你的腸道微生物也有晝夜變化，雖然不是依靠日照，他們對食物和進食的時間產生反應。這一切取決於你的習慣，不同物種在一天裡不同的時間生長，並釋放出不同的代謝物。這些分子隨著肝裡面的生物時鐘基因運作，和身體的其餘部位同步進行新陳代謝。這就是時差出場的時候。

當你在不同時區間穿梭時，主次要的時鐘們就會失聯並失衡。這

是因為你的眼睛，大腦裡中央生理節奏的門戶，感知到不同的時間，但是其他器官（肝、腎、腸道等）的時鐘還沒有收到這訊息，所以他們繼續照著原本的規律運作，你在睡覺時他們以為還醒著，你醒著時，他們以為還在睡覺，造成了時差。小孩和成人都一樣。

最新研究說明，腸道微生物對時區的適應速度不如大腦 [24]。有可能在食物進來的時候，靠的是身體其他的時鐘驅動免疫及荷爾蒙訊號來協調。所以微生物不會重置。當牠們的波動出現異常，所送出的化學訊號將造成你困惑的身體更加混亂。

在某些研究裡，這困惑的化學訊號，特別是對肝臟，被認為與值夜班的工作人員增胖的狀況有關。如果你在很奇怪的時間上班，或是你持續地改變時區，較有可能會在吃進了一樣卡路里的食物時，增加較多體重。

我們從動物實驗研究時差，或從生理節奏失調等研究間的關聯性看出細節。人體是一個大範圍交互連結的系統，當你干擾了一個要素時，像是時間感，你將會影響系統的其他部分。

相同地，當你吃了很多高脂肪、高糖的食物，你就可以擾亂微生物群系的節奏，而這也會導致體重增加 [25]。一個糟糕的飲食習慣會告訴你的肝臟現在是中午，但你的大腦認為現在是早上。換言之，當你在旅行時，很有可能吃得較多，尤其是較多的垃圾食物。拜託！我們都一樣，特別是跟小孩一起旅行的時候。每年傑克和凱特都會帶他們的男孩（和兩條狗）開車去千里之外的麻州伍茲荷（Woods Hole），傑克每年夏天都去那裡的實驗室工作一個月。他們通常用很艱苦的方式旅行，一口氣開十七個小時。很明顯地，他們幾乎沒有時間可以坐下吃些健康的餐點，在公路邊的那種餐廳更不可能。所以，沒錯，健康飲食是不可能了。

如我們在其它章節提及的，增加糖和脂肪的攝取，將使那些引起發炎的細菌數量增加。所以在這種旅途中，也有可能會引發計畫之外的發炎。聽說人們常會在長途開車時口腔潰瘍，或消化功能失調，可能是因為吃得太差或坐太久。雖然證據薄弱，這些活動卻也有可能助長發炎反應的細菌滋長，引起腸道以外系統性的發炎，也因此造成了口腔潰瘍。

該如何避免這情況發生呢？我們沒有科學證據支持，但在長途旅行時應聽從常識。多吃蔬菜不要吃糖，帶很多的水不喝汽水。但如果速食餐廳是唯一的選擇，那就去吧。

....

在旅途中遭受嚴重的病原體感染，對你們的微生物群系是常見威脅。旅途中還蠻容易染上細菌的，特別是會造成腹瀉的病菌，雖然在不同地區受到感染的機率有異。要避免這些細菌有點困難，有些會造成微生物群系長期性的變動，之後變得較容易發炎。這是為什麼很多人在感染痊癒很久以後，還會鬧肚子或得到發炎性腸道疾病。

世界上還有很多地方的食物和水，很容易被當地的細菌感染。當然你可以喝瓶裝水或汽水，避免街上的食物和削過皮的水果，並且放棄吃冰吧。我們有個同事在印度吃了西瓜之後得了霍亂，因為農夫在西瓜裡注射自來水，使它變重能賣得貴一點，結果害我們的朋友病得相當嚴重。

傑克只有過兩次「旅人腹瀉」，一次是他在秘魯庫斯科小吃攤吃了一隻烤天竺鼠，但那單純是食物中毒。第二次是在中國的時候，他和他太太拉了好幾個禮拜的肚子，包括一陣陣的腸道抽搐和拉稀。

因為好多原因，使人在腹瀉時會感到特別脆弱。當吃進不同食物

時，微生物受到干擾，使腸道對乘機而入的病原體大開門戶。如果你遇到了，整個微生物群系都會失衡，甚至在病原體離開或被壓制後，過好幾個月仍感覺得到這個干擾。

聽說在過去的中國，官員到遠方出差時總會攜帶一小罐家鄉的泥土。如果他們得了旅人腹瀉時，就會將土和著水，作為藥方喝下去。也許還真有那麼一回事，但請注意，我們沒有可信的證據。也許接觸來自故鄉的細菌，或是你習慣的細菌能幫助你早日康復。當然，基本上這些土壤裡的細菌並不能在腸道裡住下來，但是好比許多你在店裡買到的益生菌（那些也不會在腸道裡長住下來），這些細菌可能是免疫系統對抗感染時所需的。如果能測試的話就太有趣了。

旅行到底會帶來好或不好的影響？因為時差、垃圾食物，或是得到旅人腹瀉的風險，所以不好；還是因為你和孩子接觸到更廣泛種類的友善微生物，所以很好？當然，這很難說，也取決於你的旅遊地點。2014 年時，傑克和凱特帶著孩子去中國出差。傑克在整個國家巡迴演講，受到很友善的款待，並帶他們體驗了一般家庭生活。有一次他們一起去了雲南省昆明市，從那前往紅河哈尼族的梯田，風景實在非常美。在一個大部分居民以農維生的哈尼族村莊，找到一位為他們準備午餐的女士。不僅是孩子們，他們都超級驚訝。這女士在街上抓起一隻雞，剁了牠的頭，然後開始在她家旁邊的一片木板上處理牠。男孩們用驚奇的表情看著。傑克則是又驚奇又害怕，如果我們因此染上致病的病菌怎麼辦？不過那位女士取下雞肉後先烤過，又和麵一起煮成了湯。接下來的三天都沒事，孩子們也一樣。對孩子來說，那是一個很新奇的文化體驗，同時也說明了仔細烹煮過的新鮮食材，幾乎不會讓你生病。

....

最後一件事情：我們常被問到，飛機到底有多「細菌遍布」。起飛後，機艙裡的空氣會重複循環，但同時也會通過特別的過濾設備，去除病毒分子[26]。在大多數的飛機上，機艙過濾作業每分鐘進行六次。你可以確信機艙裡的空氣很乾淨。

當然，在機艙裡的物體表面上留下被其他乘客汙染的病毒也有可能。如果你碰到它，然後挖鼻孔或是放進嘴裡，受感染的風險會增加。也有可能是在搭飛機時，所承受的生理壓力、失序的生理節奏，讓整個系統失去平衡，所以防衛能力自然就下降了。這也會使你容易被感染。

事實上，飛機裡的細菌沒有比其他地方更多，而且如果你很健康，就沒有什麼好擔心的。我們每年旅行的里程數超過 24 萬公里，我們不認為旅行與生病有關。

Q 88. 我聽說芬蘭和瑞典的父母讓嬰幼兒在戶外睡覺。這是否能促進微生物群系的健康？我應該打開窗戶嗎？

北歐國家的父母讓嬰兒在室外睡覺的做法（當然有包得緊緊的）是因為在 1904 年代，那時候室內空氣品質普遍比現在糟很多。煤油燈、暖氣、燒木材或碳取暖、煮飯，這些都對嬰兒健康有害，特別是揮發自煙的一氧化碳和其他問題。好在這些都被電力設備取代了，所以當時那樣做的諸多好處已經派不上用場。沒有研究直接檢視嬰兒在室外睡覺的潛在效應，特別是作為對照的控制組很難設計。

羅布的一位博士後研究人員克里斯（Chris Callewaert）說，他媽媽總是告訴他，臥房的溫度不應該太高。他家的臥室從來不開暖氣。在美國這個充滿自動恆溫器和中央暖氣設備的社會裡，我們很少有機會在很低的溫度下活動，這可能會使我們的免疫系統較弱。在比利時，人言道：「像溫室植物一樣的脆弱。」一株溫室植物無法在起風、寒冷和下雨的戶外環境生存。人類可能也是這樣。如果你一直待在很溫暖的環境裡，免疫系統有可能會因為處於低檔，在遇到病毒時較容易生病。一項研究顯示，酷寒（在攝氏五度的環境待兩小時）有刺激免疫系統的功效。換言之，被曝露在寒冷中，使你的免疫系統更強壯，也能預防感冒。克里斯提到他的自身經驗：他在寄宿學校的五年期間老是感冒。每當班上有人感冒時，他幾乎可以預見自己幾天後也會被傳染。之後，他開始改騎單車上學，經歷下雨、颱風和寒冷的天氣後，他幾乎沒有再感冒過了。

我們很確定的是，室內空氣品質是一個時常被討論的話題。在許

多發展中國家，有呼吸道疾病的小孩家中，常在通風不良的位置擺設開放式火源或鍋爐。世界衛生組織甚至曾提到：減少室內燒柴升火取暖和煮飯，能有效降低全球兒童死亡率，是一個重點改善的項目。

然而，從微生物群系的角度來看，室內空氣品質是如何影響嬰兒健康的細節，卻缺少研究資料可以參考。我們知道潮濕、發霉的家會造成呼吸道疾病和過敏，因為有過多的黴菌和真菌孢子。傑克曾面臨這樣的問題，他和家人曾住在英格蘭的一座屋齡一百五十年的花崗岩小屋裡，這屋子過去常常為山上的莊園安置馬車、馬匹和馬車伕。屋子很可愛、古樸又獨特，他們都好愛這小屋子。但是他們常常會擔心屋子潮濕的情況會影響家人的健康。有時候他們還聞到霉味。雖然傑克和太太沒有任何證據可以判斷這屋況會不會影響孩子們的健康，他們會長時間開窗和開門讓屋子通風，並且經常和孩子們在鎮裡或附近的鄉村走走。他們有好多推著孩子上山下海的照片。當時真是不容易呀。

....

回顧 2011 年，那時對建築物的微生物群系研究有東山再起之勢。直到今天，傑克和羅布都對開啟這新的領域有顯著的貢獻。我們與建築師和室內空氣科學家一起工作，從潛在的風險中獲得了基本的觀點。其中許多是化學類的風險。在家裡或校園裡，潮濕或空氣不流通，都會增加孩子體質過敏或是肺病的風險。這絕對值得特別注意。

然而，室內細菌群體的樣貌是一個被忽略的研究領域。我們開始應用基因排序工具來探索住在家裡的細菌，我們的發現非常有趣。大多數家中的細菌都來自居住者的皮膚，而不是外面飛來飛去的灰塵，也不是從昆蟲、老鼠或是其他不速之客身上來的。一項 2011 年發表的研

究顯示，打開醫院裡的窗戶能減少潛在細菌性病原體的數量，呼應了佛羅倫斯・南丁格爾（Florence Nightingale）在十九世紀中葉做的測試 [27]。她發現讓新鮮的空氣進入病房，可以幫助受傷的士兵復原。她不見得知道背後的原因，但這個做法一直沿用至今。基本前提就是在一個封閉的室內，人們的細菌會累積起來。如果裡面有病人，空氣和物體表面就會擠滿致病細菌。當你開窗時，就會讓室外良性的細菌進來，使壞菌接應不暇。這將有效減低房間裡的人接觸到（使他們生病的）細菌的機會。

另一個重要的因素如前文提過，每個寶寶在出生前基本上是無菌的，並且會在出生時得到母親健康的細菌。他們接著會開始和別人互動，從別人那裡得到細菌。在古早時，寶寶甚至會被帶回一個牆上有裂縫、充滿微生物的農場的家，他祖先的免疫系統裡，有可以適應如此豐富的微生物曝露量，這地方就會有這樣多的微生物。如今，一個寶寶在出生時，就被施予預防性的抗生素，然後被帶回一個全面殺菌過的家裡，關著窗和「被調整過」的空氣（冷氣或暖氣），甚至還有清除任何潛在過敏原的過濾器。孩子的父母很仔細地把家裡弄得很乾淨。那該期待這小孩的免疫系統遇見什麼微生物呢？在清理過後，什麼都不剩了。取而代之的是父母大量的皮膚細菌。也許這些都不會造成疾病，但事實是，你期待與土壤、樹、牛、豬、雞和狗的細菌接觸，結果來的只有更多的人類皮膚細菌，你的免疫系統可能無法像設定好的那樣作用。

所以也許讓寶寶睡在室外，只要能視天氣穿戴好，就能增加他和許多良性細菌的接觸機會，訓練他的免疫系統。像傑克家中有小孩，屋子裡有黴菌和真菌對孩子很不好，藉由經常開窗和開門，和花很多時間在室外，可能可以扭轉住在封閉室內環境的負面影響。而且與室內外的好菌、真菌的接觸，可以減低那些壞菌生長的機會。土壤和動物

微生物可以用來建立健康的免疫系統，至少已有小鼠實驗的證據支持這項推論，讓孩子在室外接觸新鮮空氣應該是蠻好的。

健康問題

Chapter 13

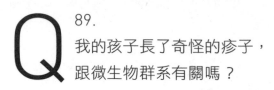

89.
我的孩子長了奇怪的疹子，
跟微生物群系有關嗎？

　　我們常被問到，某某狀況跟微生物群系有關嗎？而且如你所料，每一次我們都很難給出滿意的答案。在免疫系統失衡的各種情況下都比較容易生病，包括皮膚病。

　　問題是，大多數的皮膚病通常很難正確做出診斷，因為發病的方式總是一模一樣：奇怪的疹子。即使被診斷為「一般性皮疹」，其實指的是許多種不同的疾病。

　　孩子的皮膚，就像是腸道一樣有著多元且複雜的微生物群系。事實上，隨著皮膚每個部位的出油量或保濕程度，微生物群系的化學性和生物性都有差異。羅布的實驗室與合作的團隊，已經找到成人皮膚乾燥和濕潤部位的微生物群系差異，但還沒有對小孩取樣進行研究。

　　皮疹和皮膚病是不同的問題。也許有一天藉由你（和孩子的）皮膚的微生物群系的改變，能診斷出不同皮膚問題，但皮膚科專家還需要許多時間，有時候能不藥而癒。傑克在 1999 到 2001 年間曾在南極住過，那時他長了奇怪的疹子。在極地工作將近一年時，疹子冒了出來，而且還蔓延到全身。駐地的醫療專家開了抗真菌的藥給傑克。傑克問他怎麼知道是真菌感染？他回答：「我不知道呀。但每個人在這裡都得到一樣的病，所以我猜是這樣。」很沒有說服力對吧？

　　接他回家的船上坐著一群新來的科學家、維修人員，還有一位新

來的醫生。她剛好是皮膚科專家。傑克急忙向前問她,她的回答只比第一位醫生好一點點而已。「嗯,這看起是病毒引起的,但沒有辦法可以確認。我建議你每天塗點保濕霜,應該就會好了。」

沒有任何測試可以解釋這個病徵,沒有診斷,所以基本上也無法治療。傑克就只好保持皮膚水分,等待情況好轉。奇妙的是,真的好了耶。那時,傑克認為應該是保持皮膚濕潤,重置了那部位的狀態,使他的免疫系統可以正常工作,改善感染的狀況。如果醫生當時可以知道微生物群系在他皮膚上變化的情況,就可以更快的解決問題,或是找出更精確的治療方法。以傑克的狀況來說,精確的了解病徵背後的原因不那麼必要,但對其他疾病來說,可能是很重要的。

皮膚受傷總是會增加感染風險。細菌會侵略曝露的組織,提供適當的環境給細菌育種,也可能演變為嚴重的感染。有些細菌,像是葡萄球菌(Staphylococcus)住在皮膚表面,並利用機會崛起。其他可能來自外面,像是壞死性筋膜炎(又稱噬肉菌)。雖然後者很罕見,後果卻非常嚴重。從我們的觀點來看,比較有趣的是,你皮膚上的微生物群系可以保護你和孩子對抗這些病原體。微生物群系通常能協助身體修復傷口。在大多數情況下,傷口裡的細菌似乎會減慢復原的速度。我們之所以會知道,是因為比起充滿細菌的小鼠,無菌小鼠的傷口更快復原。更厲害的是,比起吃死菌的小鼠,吃了具活性益生菌的小鼠,恢復速度又更快了!這說明我們的免疫系統對腸道細菌注入有反應,並且能促使傷口癒合。我們還不清楚這個機制如何運作,但結果很迷人,也希望有進一步的分析。

Q
90.
為什麼在我孩子的喉嚨（鼻子等）裡有致病細菌，
但他卻沒有任何病徵呢？

　　你可能會覺得驚訝，健康的人體經常帶著可以變成病原體的微生物，卻不會生病[1]。我們對可能會引起疾病的細菌非常敬畏，但大多數情況下，牠們只是人體公車裡友善的乘客罷了。十九世紀的肺結核病就是這樣，一個每年奪走上百萬條人命的可怕疾病。

　　羅伯特．科赫（Robert Koch），一位著名的德國醫師兼微生物學開創者，發展出一套用來證明微生物導致疾病的法則。首先，得證明病人體內有這類微生物。然後再證明健康的人體內沒有。接著，展示你可以將這生物分離出來，並用來使健康的人生病。這程序對他主要研究的微生物結核桿菌無效，因為許多看起來很健康的人也帶有這些微生物。

　　傷寒瑪麗是另一個惡名昭彰的例子。瑪麗在紐約市區為七個富裕的家庭煮飯。雖然沒有任何傷寒的病徵，但她每天在雇主的食物裡面散播細菌，使他們之中許多人（有趣的是，不是所有人）生病和死亡。許多人都不相信她是造成這混亂局面的主因，而且還被多次隔離。

　　飲食、微生物群系或是免疫功能的改變都會影響病原體，不論是細菌、病毒或是寄生蟲，只要能在動物體內定植，就有可能造成傷害。對人也是一樣，雖然還需要更多研究來了解細節。

　　微生物之間的競爭，可能與病原體會不會讓我們生病有關。你可能聽過金黃色葡萄球菌所引起的葡萄球菌感染。他在你孩子的鼻

子裡以無害的細菌形式潛伏著。但當孩子生病時，或是去醫院動手術，或是他們的免疫系統功能下降時，這些無害的細菌就會變成有害的細菌。金黃色葡萄球菌會啟動基因組裡病原體的基因，並凌駕於小孩低落的防守能力之上。這些葡萄球菌感染通常會被抗生素消滅。但是過去二十年間，我們越來越常發現人體裡出現的金黃色葡萄球菌株，對我們以往用來對抗牠們的抗生素產生抗藥性，像是甲氧西林（methicillin）。我們稱這新的菌株為抗藥性金黃色葡萄球菌（MRSA）。

當你的孩子的防禦能力降低時，這些細菌變成致命的感染，而且一般抗生素也沒有用。然而，有些帶有一般或具抗藥性的葡萄球菌株也沒有受到感染（不知道是怎麼受到保護的）。

最近一項研究顯示，科學家發現鼻子裡有路鄧葡萄球菌（S. lugdunensis）的孩子，似乎能保護孩子避免受到葡萄球菌感染[2]。路鄧葡萄球菌會生產一種微生物的抗生素，殺死金黃色葡萄球菌。這純粹是場競爭。路鄧葡萄球菌找到一種清除對手的方式，牠才能占上風。但也不完全是個好消息，因為路鄧葡萄球菌本身也能引起皮膚感染。只是比起金黃色葡萄球菌感染的發生機率要少。不論是哪一種，僅僅因為你孩子帶有病原體，不代表他就會生病。大多數的疾病發生並非偶然，如同生成一個完美的暴風，需要許多條件：你的孩子受感染並且很脆弱，然後所有好的（或是壞的）情況一起發生，他才會生病。不幸的是，要預測這個結果還很困難，我們仍在努力進一步了解情況。

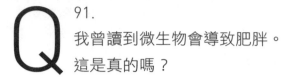

Q 91.
我曾讀到微生物會導致肥胖。
這是真的嗎?

是的,至少小鼠是這樣。小鼠會因為許多不同的原因變胖,大多數是科學家造成的。他們可能因為遺傳缺陷或飲食習慣不佳而肥胖。令人驚訝的是,在這兩種情況下,微生物群系的改變都會引起炎症反應增加以及葡萄糖不耐症,最終甚至會有糖尿病。更驚人的是,你可以取出微生物群系,然後移植到另一隻在無菌情況下長大的小鼠,這種小鼠身上沒有自己的微生物。即使先前沒有遺傳缺陷或是不好的飲食習慣,小鼠還是因此變胖,說明了動物身上的微生物會傳播肥胖症。這現象目前還沒有在人類身上獲得證實。

不過,我們也有很多證據指向這假說能套用在人類身上。例如,如果你有很多過重的朋友,你也有可能比較胖。如果你比較重,你的狗也比較容易胖胖的,而且我們知道人和狗不斷地交換微生物。然而,肥胖的人(包含小孩)與瘦的人有不同的微生物群系。這方面的許多研究都是羅布的合作夥伴華盛頓大學的傑佛瑞·高登一世(Jeffrey I. Gordon)和現在在馬克思·普朗克研究所工作,羅布的前實習生路斯·雷(Ruth Ley)所進行的。根據許多小鼠和一項早期對人體進行的研究,我們一直以為厚壁菌門和擬桿菌門這兩大類細菌的比例是造成肥胖的主要原因。厚壁菌比擬桿菌多的時候,肥胖症就會發生。

最新的研究發現,這狀況跟能量的失衡更有關,而不是因為這兩種細菌的比例。單就這項研究來說,有近九成的正確率,可以從一個人的微生物群系,看出這個人是胖或瘦。

這是否表示以微生物群系為基礎，預測肥胖症的檢驗技術就快上市了呢？可能不會。秤你自己有多重、有多高，比為你的微生物群系排序容易許多。同時測量微生物群系的方法，和定義胖瘦（包括檢驗前驅糖尿病或是其他代謝疾病）的不同，都會導出群體間微妙的不同，很難做出一個可以廣泛運用的測試結果。更神奇的是，你可以將人體微生物轉植到小鼠身上，使小鼠們變胖。就是這樣：得到過重人類身上的微生物，小鼠便會增重。這不但在糞便轉植的作法下有效，你甚至可以培養從一個個人糞便裡取得的數百個菌種，然後轉植給小鼠們。這證明了細菌真的管用，隨糞便轉移的不是病菌，不是化學物質，不是抗體或其他東西。

所以這就表示微生物群系讓你的孩子變胖？以微生物群系來說，針對肥胖孩童所做的研究比對肥胖成人少，雖然某些研究找到其中差異。一項有趣的觀察來自紐約大學的馬丁·布雷瑟博士（Dr. Martin Blaser）的實驗室。研究人員發現生命早期剖腹產和抗生素的組合，增加了日後肥胖的風險。這可以以母乳哺育和攝取五顏六色的蔬果飲食習慣來抵消。這兩件事情都可以直接被父母親決定並執行，不需要等額外的研究。我們知道微生物參與了這所有的過程。因此，敬請關注與小兒肥胖有關的微生物群系發現。

92.
我聽說兒子的氣喘是由於過少接觸微生物。
這是真的嗎？我能做些什麼呢？

氣喘是一種慢性的肺病，雖然同樣的病徵（呼吸急促，因為氣管發炎，壓迫到周圍的肌肉）有時也會在其他非氣喘病的情況下被引發，例如運動過於激烈時。氣喘是病症的一種，通常被歸類在特異體質過敏症這個大分類下，基本上是指炎症反應不尋常地失控。炎症反應也有可能被原本無害的過敏原所引發，像是食物、季節轉換和皮膚過敏。

我們知道在微生物多樣性較低家庭長大的人，罹患氣喘病的機率較高，不過對微生物的曝露量只是其中一個因素而已，這種複雜的疾病還有其他成因。像是與狗一起長大的孩子，得到氣喘的機率降了 13％，其中的原因我們並不完全清楚[3]。狗也常鍛鍊牠們自身的細菌，在一項動物研究裡發現，曝露在一間有狗灰塵室內的小鼠，較不易受到氣喘攻擊。接觸到狗灰塵的小鼠，腸道微生物群系也有顯著地變化，產生更多的約氏乳酸桿菌 L. johnsonii（常稱為 L.J. 菌）。把這種細菌做為益生菌給小鼠食用時，能避免他們氣喘的反應[4]。

在另外一項研究裡，傑克和合作人員取得阿米希人（Amish）和胡特爾人（Hutterites）家裡的灰塵，然後讓小鼠曝露其中[5]。阿米希家中灰塵能避免小鼠有類氣喘的反應，而胡特爾家中灰塵則不能。某些在阿米希家灰塵裡的東西似乎具有保護力。雖然結果還沒有定論，但他們發現這兩組灰塵樣本裡面的微生物群系有所不同。我們有理由相信，持續曝露於阿米希家庭從農場動物帶回家的細

菌，很有可能產生了一個不同的微生物群系（特別是當胡特爾人不住在農場裡），儘管這兩組人同樣地遠離科技索居。

不過，萬一你的孩子有氣喘，別責備自己沒能提供適當的環境。搬去農場過著阿米希人的生活（或，最好變成狩獵者與採集者），還是無法預測孩子會不會得到氣喘。而且這樣極端地改變生活方式也有風險，像是孩子可能會被馬踢到、被鬣狗吃掉。

在另一個研究裡，研究人員發現有氣喘的嬰兒，在出生後的一百天裡，微生物群系會受到干擾。比起沒有氣喘的這些孩子，他們的微生物群系裡少了四種細菌（Lachnospira，Veillonella, Faecalibacterium, Rothia）。當他們在實驗室裡培養這些細菌，並餵給小鼠，這些動物就會受到保護，較不易發生氣喘與呼吸道發炎的情況[6]。

如同乳酸桿菌受到狗灰塵的激發，某些機制使這四種細菌避免個人呼吸道發炎。目前的假說是，這四種菌能幫助協調炎症反應，藉由製造某些化學物質（SCFAs；短鏈脂肪酸）餵食免疫系統，協助避免發炎。

在最新的一項研究裡，研究人員發現腸道微生物的副產品，引起了數個月大的嬰兒的炎症反應，這與日後他們在兩歲時較容易過敏，及四歲時較容易氣喘有關[7]。這些嬰兒體內的四種共生友善微生物（Bifidobacteria, Lactobacillus, Faecalibacterium 和 Akkermansia）數量不尋常的低，而另兩種真菌的數量卻相對地高，這麼一來，他們的新陳代謝將使免疫功能失調。一旦氣喘發作，就很難治療。但是，一直以來都不知道原因。再一次地，我們認為與微生物群系有關。似乎有些能保護小鼠幼兒的細菌，無法保護成人免於受到呼吸道感染的侵擾。原因之一可能是，動物原本就

有非常強健的微生物群系，使益生菌無法在腸道裡住下來，發揮效力。對孩子或是動物幼兒來說，微生物群系相對變動性大，而且多樣性較低，所以新的生物比較容易以益生菌的形式在腸道裡立足。最後，飲食可能會藉由與微生物和免疫系統的交互作用，來協助控制症狀。有些研究發現，補足維他命 D 和健康的飲食，像是地中海飲食法能有助益。

Q 93.
微生物群系如何影響孩子的自閉症？

身為自閉症兒子的父親，傑克對此問題有獨特的見解。他的兒子狄倫是高功能自閉症者，雖然他對日常情境的認識、人際關係的掌握比較吃力，他還是個快樂（也能交朋友）的孩子。他熱愛與人相處，有時候不喜歡。從很多方面來看是正常的，但有時他掙扎著想要融入我們已經建立的社會樣版。

自閉症譜系障礙（Autism spectrum disorder）是一種發展型疾病，每六十八個美國孩子之中就有一個。兒童和成人都表現出多種的行為和生理病徵。因為一些我們還不能解釋的原因，自閉症的患病率逐漸升高。五十年前，每一萬人之中只有一個。我們知道這是高度遺傳性的，可經由家族世代繼承而來。有許多候選基因，可能在某些神經和生理上起了作用，也有許多證據指向環境因素。

在繼續討論之前，我們想要先討論「障礙」這個名詞。許多泛自閉症孩子比你想的還要更「正常」。他們在學校表現很好，長大到可以談戀愛、組織家庭、好好工作，並且在社會裡是個高度生產力的成員。在較低、較嚴重的光譜尾端，孩子可能用頭撞牆，不停地搖晃、揮動雙臂好像在證明他們的存在，不輕易開口也避免目光接觸，並且突然會有暴力情緒爆發。許多有嚴重的腸胃道問題，包括腹瀉、結腸炎和滲透性腸道：腸壁完整性被破壞，讓細菌和細菌的化學物質流出腸道。

當科學家進行人體實驗時，要研究像自閉症這類光譜型障礙相

當困難（※1）。你想想，人類具有非常多樣性，並且生活習慣、個人歷史也非常地不同。這些都能影響病症的變異性。我們試著要了解影響這些變項的因素，例如，比較有自閉症譜系障礙和沒有的人，事實上自閉症本身的差異已經相當大，分析起來有根本上的困難。把自閉症當做一個個別事件來治療，而不是當作很多不同型態的集合，造成檢測基因、生活型態因子，或是微生物群系都相當困難，甚至根本沒有被當作是重要的事情來研究。然而，基因與自閉症的相關性只能解釋大約四成，其它六成在病人光譜的病徵差異，包含環境因子、微生物群系有關。

最近涉及腸道微生物、益生菌和小鼠疾病模型等，對自閉症譜系疾患深具潛力的治療方式成為新聞。這些動物具有與自閉症兒童相似的典型行為和生理症狀，包括腸道滲漏和血液、尿液中細菌產生的某些代謝物（化學物質）水平升高[8]。當研究人員將益生菌脆弱擬桿菌（Bacteroides fragilis）給小鼠時，他們有些關鍵行為和生理病徵就被減緩了。這益生菌對小鼠有效，不代表對小孩也有效，但不排除可能性。這些結果使研究人員思考，如果自閉症譜系上的孩子可能是缺少了某種細菌，可以以益生菌的方式添加回去身體裡。初步研究建議，被診斷有自閉症的孩子，有較多含量的梭菌屬（genus Clostridium）細菌在體內，有較少的雙歧桿菌（Bifidobacterium）和普雷沃菌（Prevotella）。因此，我們也許可以發展出一種新型療法，增加小孩微生物群系裡的雙歧桿菌和普雷沃菌的量[9]。再進一步確認小鼠模型找到的結果，加回雙歧桿菌和普雷沃菌的量，對減緩自閉症病症有幫助。

---

1. 自閉症，已更名為「自閉症譜系障礙」「自閉症光譜」或「泛自閉症」。「光譜」一詞指出自閉症的多元性，意味著沒有任何兩個泛自閉症的孩子，有著一模一樣的行為或症狀，並與其他學習障礙呈連續性，而非個別存在的關係。

在找到解決之道以前，我們還有很長的一段路要走，但是用益生菌來改變腸道益菌的量，像是雙歧桿菌和普雷沃菌，是一個開始。這些是主要的發酵劑，可以藉由多吃纖維，來提供這些細菌所需的碳水化合物。替代的方法是食用做為益生菌的雙歧桿菌，可能也有幫助，雖然目前沒有臨床實驗可以提出證據。雙歧桿菌已經被當作益生菌超過一百年了，沒有發現不良的副作用。益生菌比起調整飲食容易許多，自閉症童的父母會告訴你的：和許多孩子一樣，他們挑食。

但是在生命初期（三歲以下）可能可以藉由提升飲食品質來改善症狀。當然我們需要更瞭解飲食與微生物群系的關係，和大腦與行為干擾的相關性。有些孩子對麩質、蛋奶／酪蛋白和含組織胺的食物，或其他食物過敏原較敏感。你應該要尋求信譽良好的過敏專家和營養專家來討論，找出解決辦法。有消化道炎症反應問題的孩子，低碳水化合物飲食或生酮飲食可能會有幫助（生酮飲食尤其是對有癲癇的共伴疾病孩子有幫助）。

你很難單靠網路上父母張貼的個人經驗應用在孩子身上，因為每一個個案都相當不同。然而，一旦我們對這病症的背後原因、微生物群系關係和飲食的重要性更了解時，就能找到有幫助的建議。傑克不曾嚴格限制狄倫的飲食。不過，傑克和太太用了很多方法確認他吃得很健康，很多的新鮮蔬菜、水果，並且避免精製過的糖。雖說如此，狄倫還是吃著他最喜歡的穀片，而且有時候還吃了太多的糖。他畢竟是個孩子，這樣地任性，到某種程度也會弄得大家都很難過。

傑克也讀過一些「糞便微生物群系移植」能治療自閉症譜系疾患的說法。但這些程序通常是在大一點的孩子身上進行，而且施測範

圍較小，因此對這解讀還須存疑。不要自己在家嘗試，除非有更多
明確的訊息，像是瞭解其中的風險和效益，目前這些都還未能釐
清。

Q
94.
口腔微生物群系可否預示孩子有蛀牙的危險？

　　可以。幼年孩童蛀牙是孩童最常見的感染問題。一項羅布實驗室和合作人員在中國進行的研究，追蹤 15 位四歲學齡前兒童的牙菌斑和唾液，為期兩年 [10]。這些孩童要不是已經蛀牙，就是準備蛀牙了。他們觀察到這兩組孩子口腔微生物的種類和數量明顯地不同，甚至可以用來預測幾個月後開始蛀牙的可能，正確率高達 80％。這預測能力是否對其他群體（包括整個美國）也有效，正在進行測試。但有一天，只要讓他在杯子裡吐一口口水，然後對他的細菌排序，你就可以預測孩子是否有蛀牙的危險。

Q

95.
要如何判斷孩子是否患有乳糜瀉或麩質不耐症？
這與微生物群系有關嗎？

乳糜瀉（※1）是一種遺傳為主的自體免疫系統疾病。麩質是一種蛋白質，在麥子和另外數種穀物能找到的成分。患有乳糜瀉的人，在食用麩質後，免疫系統會使腸壁內的細胞剝離。如果你孩子的血液裡帶有「轉麩醯胺酸酶（transglutaminase；TGase）」抗體，那麼他得到這疾病的機率就非常的高。飲食裡含有麩質的檢驗，正確度高達98%（在無麩質飲食情況下則無效）。臨床診斷需要做組織切片，一種相對侵入性且極端的程序。醫生在孩子的腸臟內植入內視鏡，切下一小片組織，放在顯微鏡下檢視。所以，如果他已經被診斷出有乳糜瀉，就意味著他已經經歷過這折磨了。

乳糜瀉患者的胃腸內壁的微生物群系相當不同，裡面有較大量的變形菌門細菌（Proteobacteria）。這可能是免疫系統對抗麩質引起的炎症反應[11]。沒有因為遵行無麩質飲食法而好轉的病患，體內微生物群系異常引起病症，而不單純是因為麩質。雖然還沒有任何動物實驗能證實這假說，但這讓我們期待以抗生素治療合併益生菌或糞便微生物群系治療法，能重置乳糜瀉患者的微生物群系。

「麩質不耐症」與乳糜瀉一樣跟麩質有關，有些人對麩質較為敏感。但是「麩質不耐症」的病徵不夠明確，而且結腸鏡檢查發炎組織的研究結果，也未能證實含麩質的食物，與輕微的過敏反應或是

---

1. 乳糜瀉（celiac disease），也稱麥膠腸病、粥狀下痢，是一種麩質引起的腸病。

炎症反應之間的關係。因此，「麩質不耐症」是不是一種疾病，還沒有定論。

　　沒有任何證據指出麩質不耐與孩子微生物群系變化之間的關係。麩質的食物與碳水化合物攝取量，和其他影響健康和心情的因素都有關聯。在眾多因素交錯的情況下，要將麩質本身的影響獨立出來，分析它與微生物群系的關係，也相對困難。

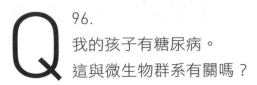

96.
我的孩子有糖尿病。
這與微生物群系有關嗎？

　　有關。這是另一個為什麼泥土和髒汙對寶寶很好的原因。幼年型或第一型糖尿病是一種慢性疾病，孩子的胰臟製造較少或是不能製造胰島素（一種能讓糖或葡萄糖進入身體細胞並產生能量的激素）。病徵包括越來越渴、頻尿、以前不會尿床的孩童開始尿床、非常飢餓、體重減輕、情緒改變和疲憊。這其中有些症狀會在三歲以下嬰幼兒身上看到，但你也應該要注意他們有沒有定向障礙或模糊的視力，還有呼吸會聞起來有酒味。這疾病明確的成因還不完全清楚。無論如何，孩子的免疫系統會轉而攻擊自己，並且破壞胰臟裡製造胰島素的細胞。糖在孩子的血液裡面堆積，衍生出致命的併發症。

　　許多與免疫系統相關的基因，較容易造成第一型糖尿病。不過，這些基因不能解釋為什麼第一型糖尿病在全世界如此快速地增加，再怎麼樣，這些基因並沒有足夠的時間演化適應成可以快速增長的狀況。不足的維他命 D 劑量（免疫系統運作需要），孩子首次食用麩質的時間點（四個月前就吃，或是七個月後才第一次吃到，都可能會造成健康問題），和某些病毒感染都是危險因子。一項正在進行中的研究針對上千位的高風險孩子，檢視更多的危險因子包含微生物群系。

....

　　第二型糖尿病也是因為胰島素異常而引起的慢性代謝疾病，這疾病

的發生率在兒童中飆升，與孩童肥胖急遽增加的現象相符。現在第二型糖尿病，佔了小兒疾病的三分之一，而且在高風險族群裡更是普遍：少數族群、過重、和青春期孩童。

第二型糖尿病抗拒胰島素，所以就算胰島素正常分泌身體也無法反應。雖然胰島素注射可以用來做為萬不得已的救命方法，它卻加遽胰島素的抗拒。相形之下，飲食（高纖維、低糖、富含水果和蔬菜）和運動是第一線的治療方法。一種叫做甲福明，又稱二甲雙胍（metformin）的藥，被用來作為促進孩子身體對胰島素的反應。由於甲福明本身影響了微生物群系，我們無法說明哪個是因，哪個是果。在肥胖症最極端的情況下，透過縮胃手術重新配置消化道，是對成人的建議療法。這對胰島素的敏感度有驚人的效力，在短短幾天內就能重建功能，比任何減重都還要有效。有趣的是，這些因素都對微生物群系有很強的作用。

我們比較瞭解第二型糖尿病和微生物群系之間的關係。在小鼠身上，基因、飲食、人工甜味劑，甚至是被干擾的睡眠，都會造成的微生物群系改變，並導致胰島素抗性（insulin resistance）（※1）。這些特質可以經由轉植，從一隻小鼠轉到另一隻身上，或甚至從糖尿病人類患者轉到小鼠身上。這些實驗中，無菌小鼠是糞便接收者。研究人員試圖了解，哪些個別或特定細菌的組合傳遞了胰島素抗性。一項激勵人心，正在進行的荷蘭研究顯示，從瘦的捐贈者移植糞便到肥胖的人身上，雖然無法讓他瘦很多，卻能重建胰島素敏感性（insulin sensitivity）。這是在說你該讓患有糖尿病的孩子接受糞便移植嗎？不是的。但這些訊息指向未來會發展出的微生物群系療法。

---

1. 胰島素抗性（insulin resistance），脂肪細胞、肌肉細胞和肝細胞對正常濃度的胰島素產生反應不足的現象。

為什麼第一和第二型糖尿病的普及率在全世界快速地竄升？已然是當代的謎團。疾管署報導，在美國糖尿病普及率是 1980 年的兩倍。如同先前所述，基因沒有足夠的時間，可以改變牠在人類體內的頻率（※2），因此糖尿病的快速普及，肯定與一個非基因性的原因有關。

　　芬蘭的第一型糖尿病普及率全球最高，每 120 位十五歲以下的小孩之中就有 1 名有糖尿病。數年前，科學家開始追蹤在芬蘭出生的第一型糖尿病遺傳高風險新生兒 12。到三歲時，參與研究的 33 名新生兒中，有 4 名被診斷出糖尿病。科學家追蹤孩子的成長情況時，發現大約在他們兩歲時，也就是發病一年之前，孩子的腸道微生物，發生了類似的變化。他們的身體裡都有自體抗體（autoantibodies），一群攻擊身體組織的免疫細胞。他們的腸道微生物的多樣性，也因為引起發炎的微生物崛起而降低。

　　研究人員試圖介入這發病的歷程，所以他們接著做了追蹤研究。他們從芬蘭、愛沙尼亞和俄羅斯三個國家找到 222 名基因上為第一型糖尿病高風險的新生兒。這些俄羅斯人來自芬蘭邊境上的卡累利阿（Karelia），邊界兩邊的自然環境相似。到了三歲時，16 名芬蘭和 14 名愛沙尼亞幼童有自體抗體，以及過多的糖在他們的血液裡，而相同狀況的俄羅斯小孩只有 4 名。

　　研究人員觀察孩子們的微生物，發現芬蘭和愛沙尼亞孩子的腸道裡主要是擬桿菌屬（Bacteroides）細菌，而俄羅斯孩子有較多的雙歧桿菌（Bifidobacteria）和大腸桿菌（E. coli）。

　　科學家深入探索這些微生物是怎麼運作的。有些細菌（包括在孩子

2.這裡指的是「等位基因頻率」，用來顯示一個種群中特定基因座上各個等位基因所佔的頻率，或是等位基因在基因庫中的豐富程度。

身上找到的細菌）會製造一種叫做內毒素（endotoxin）的副產品——一種在細胞分裂時，會釋放的細菌細胞裡的毒素，使白血球發揮作用。這個來自俄羅斯孩子體內的內毒素也許會讓總統閣下普丁感到驕傲。他們刺激孩子的免疫細胞，讓免疫細胞不會攻擊自身的蛋白或其他抗原，也就是啟發了自體耐受性（self-tolerance）。另一個小鼠實驗發現，芬蘭和愛沙尼亞內毒素相較之下成惰性，白血球沒有對內毒素做出反應，而無法保護小鼠遠離糖尿病的威脅。

為什麼俄羅斯孩子的微生物群系不同呢？不是因為食物。這些孩子吃的東西很類似，母乳哺育的情況也類似，雖然俄羅斯人較少吃包裝過的食物。但有一個明顯的不同：俄羅斯人相對貧窮。他們的井水沒有被處理過、屋舍較破舊、少了西方國家的先進裝備，像是洗碗機和知名吸塵器。結果俄羅斯家庭裡的微生物族群有較高的多樣性。這是支持衛生假說（hygiene hypothesis）的又一個例子。這也是我們為何得知在生命初期，與較複雜的微生物接觸的經驗，可以保護人不要生病。除非我們都想要回去住在一個較不舒適的環境裡，我們最好要找出如何用比較人工的方式，增進與微生物接觸的機會。

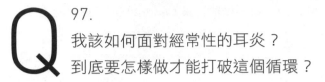

Q 97.
我該如何面對經常性的耳炎？
到底要怎樣做才能打破這個循環？

　　抗生素對耳朵感染不太有效。最多能減輕一兩天的症狀，而且還會擾亂孩子的微生物群系，引起之後的健康顧慮（像是再一次的發炎）。避免處於香菸瀰漫的空間，或是要求托育人員建議病童不要來上學，都可以減低耳部感染的風險。你也可以藉由母乳哺育（如果可行且適當的話）和益生菌，提升保護力。

　　耳炎通常是由細菌和病毒引起，造成內耳發炎。如同我們所討論過的其他許多疾病，炎症反應可能透過添加腸道細菌來控制。雖然我們還不知道為什麼某些益生菌有效，但看起來是可行的。重要的是，從藥房買來的益生菌就能達到效果（如 LGG 菌）。這些益生菌不見得自身具有減緩炎症反應的能力，但似乎可以刺激腸道中細菌的生長，協助消炎。所以當孩子耳朵痛時，給他益生菌可以協助減輕症狀。

98.
醫生有辦法在診間裡,
直接測出感染是因為細菌還是病毒嗎?

對不起,還做不到。辨別是因為細菌或病毒引起的感染測試,需要一些時間,所以無法在診間裡直接進行。辨識菌種的標準做法是細菌培養:將一個樣本,如將喉嚨採集的液體放在培養皿裡面,等著看細菌會不會長出來。這通常需要三天到一週,比你在診間待的時間久很多。

DNA(去氧核糖核酸)排序的檢驗方法比較快,但還是需要一到兩天。一種叫做即時聚合酶鏈鎖反應定量分析(quantitative polymerase chain reaction;qPCR)的技術,以 DNA 裡特定的標記檢驗,理論上可以在數小時內完成,但這較快的版本目前還沒有被美國食品與藥物管理局(FDA)認可。另外一種可用來檢驗血液細胞如何活化基因,以辨識細菌和病毒感染,但這新型鑑定技術也沒有通過核准。

當羅布女兒長出金黃色葡萄球菌引起的疹子時,他們在新年假期前帶她去檢查,並被告知要三天才能知道結果,在那之前先用抗生素。三天後發生的第一件事情,是接到診所打來一通驚慌的電話:「疹子是對抗生素有抗藥性的葡萄球菌引起的,開給他們的抗生素無效,趕快來拿新的處方。」這就有點奇怪了,因為她的疹子在用抗生素後好轉了。花了三天才得來的標準微生物檢驗,結果是錯的。顯然實驗室新型的檢驗方法,和一般臨床上使用的標準方法,還有一段很大的差距。

反觀，以即時聚合酶鏈鎖反應為原則的 （PCR-based）鑑定方式，只要用一種手持工具，就可以在數小時內得到結果並進行基因排序，遠比培養微生物為原則的鑑定方法快許多。羅布現在試圖努力推進這些實驗室的技術，做為臨床使用，如此一來，其他的家庭就不用再經歷一次發生在他們身上的事。但是核實和監控等合法化的程序非常辛苦且漫長。希望有一天這檢驗方式能被醫療機構使用。

Q
99.
什麼是糞便移植？
它可以協助治療孩子的健康問題嗎？

　　糞便微生物質移植，或是糞便微生物群系移植（fecal microbiome transplant，以下簡稱 FMT）就是字面上的意思。我們知道器官移植可以治療許多疾病。糞便微生物群系移植，就是將一個功能正常的微生物群系，去取代被破壞的腸道微生物群系。從這意義上來說，你可以把腸道微生物群系看做一顆心臟、肝臟或是腎臟。雖然這類比不完全精確，卻可以協助解釋糞便微生物移植是怎麼運作的。

　　移植過程是從一位健康的人身上取來糞便，與殺菌過的水混合，然後植入一個腸道有問題的人的結腸裡。通常可以用一條鼻管、灌腸劑或是以膠囊形式送入大腸。有效與否取決於受贈者的微生物群系有沒有真的生病，和腸道裡的生態位（ecological niches）是否還有空間可以填補新來的微生物。也取決於捐贈者的微生物群系，雖然這方面的證據目前較不清楚。

　　特別的是，FMT 對腸道細菌艱難梭菌（Clostridium difficile）所引起的感染格外有效。在一項控制良好的研究裡，進行過 FMT 治療的病患，治癒率為 94％，而接受一般治療方式的人治癒率為 35％。一般的治療法為一劑萬古黴素（Vancomycin，一種抗生素），不會被胃壁吸收，並且被製作來對腸道細菌發動閃電戰。當閃電戰失敗而 FMT 成功時，服用抗生素的患者應立即進行 FMT。繼續用抗生素治療被視為不道德的。

那麼 FMT 究竟是怎麼運作的呢？雖然我們用器官移植來比喻，但其實有點誤導。有一個更好的比喻在技術上卻無法達成。假設，我們想要建造一座雨林該怎麼做？ 先取得所有植物的種子，和全部的（卵生動物的）蛋或（胎生動物的）父母，然後放在一片赤裸裸的土地上，看會發生什麼事。相信我們：這不會成功的。雨林是一個相當複雜的生態系統，裡面有無數的交互作用，而且需要很長的時間來建立。在經歷了許多不同發展階段後，也沒有兩座雨林會一模一樣。聽起來更像是人體微生物群系對吧？嗯，要一口氣替換雨林唯一的可能是，把另一座在類似環境裡的雨林挖起來，然後放在一座舊雨林的原址。基本上，就是用一個功能完整、複雜的生態系統，來取代一個不存在或是失能的生態系統。

問題是，我們不清楚一個複雜的生態系統是如何或為什麼能運作。面對這麼多變項時，我們還無法將每一個細節分開，了解其功能和許多交互作用，是如何製造出我們看到的效果。所以比起從頭開始建立一個功能完整的微生物群系，以現有的來交換容易許多。

已有許多疾病測試了 FMT。例如，一項在匹茲堡大學進行中的臨床實驗，在了解 FMT 能否改善孩子的發炎性腸道疾病：克隆氏症和潰瘍性大腸炎。另一項佛羅里達大學的研究，在檢視微生物干擾對肥胖症嬰兒和母親的影響， 及 FMT 可能對他們有什麼幫助。你可以上官方臨床實驗網站 www.clinicaltrials.gov 並以關鍵字「微生物群系、兒童」（microbiome, pediatric）搜尋這些研究。你能找到四十二項最近或是計畫中的臨床實驗。在寫作的當下，美國食品與藥物管理局（FDA）才剛核准，以 FMT 做為復發型偽膜性結腸炎（C. diff infection）的治療方法。要治療其他疾病，臨床醫師必須要取得新藥執照，過程繁瑣且昂貴。這情況可能會在接下來的五年間改善。

檢
測

Chapter 14

Q 100.
讓孩子做糞便篩檢有風險嗎？

讓孩子做糞便篩檢沒有任何風險（至少對你是完全沒有的）。用棉花棒就可以採集檢體或是讓孩子大在一個容器裡也可以，你不會因此而碰觸到天天在處理的寶寶大便。

理論上，可能存在隱私問題。但寶寶的微生物群系變化得很快，就算將來資料被公開，可能也很難用檢體回溯找到寶寶本人。當然其中很多都取決於你所生成的數據類型。16S核糖體RNA（下面會討論）目前還沒有精細到可以做出任何預測。總體基因體資料有可以將檢體回溯到個體的可能性。雖說如此，這些資料都受到嚴格的聯邦法律保護。如果某人能取得一個檢體，回溯找出那個人，然後用什麼方法利用這訊息來對付這個人，這也真是個不尋常的情況。事實上，我們也想不出能對這些資料做什麼。

如同任一種醫療檢驗一樣，一個潛在的問題是，一項沒有定論或是不正確的結果，會促使你採取不必要的行動，像是極端的飲食控制或是醫療介入手段。基於這個原因，使用微生物群系的任何事情，都應該依照美國食品與藥物管理局（FDA）醫療檢驗規範進行。

Q

101.
我該在受孕前去檢測我的微生物群系嗎？

　　微生物群系（特別是陰道和尿道的微生物群系）與受孕能力的關聯很微弱，即使你擔心不孕，也沒有足夠的理由要你在受孕前去做檢測。然而，在受孕前，去檢查你口腔裡的微生物群系可能是個好主意。我們知道早產跟不良的口腔保健有關，細菌可能會從流血的牙齦進入血液裡，再進到了胎盤，引起發炎。與其找出微生物群系序列，不如去看個牙醫，確保牙齦健康或是沒有蛀牙問題。

　　雖說如此，也許將來有一天你可以在受孕前，就從微生物群系的變化，預測可能發生的問題。這是一個令人興奮的研究方向。例如，我們希望可以透過懷孕初期，或受孕前的陰道微生物群系來預測早產、得到妊娠糖尿病或是妊娠憂鬱症的可能性。我們目前還不能做到，因為能做出可信的預測前，需要更多輸入的資訊來運算。

　　無論如何，微生物的研究發展還是精彩可期的。我們已知許多其他的危險因子，都可以以此做出類似的預測。你能計量的東西越多，就越能預測人和後果之間的差異。因此，將微生物群系加入已列有其他因子的表上（早產的經驗、口腔衛生、體重、BMI 等），能用來使預測結果更精準，並提升確切的健康照護的能力。

Q

102.
如果我決定要讓孩子的微生群系受測，
該怎麼做呢？

測試孩子微生物群系的方式越來越多。像是我們在進行的「美國腸道研究計畫」，用了許多和其他大規模研究計畫一樣的方法，包括「地球微生物群系計畫」。一項試圖將地球上微生物群系排序和記錄下來的合作計畫。這些大規模計劃所使用的實驗和計算的程序，已經廣為上千個科學研究應用和引用。如果你在考慮加入美國腸道計畫，更多訊息請上 www.americangut.org。

要採集孩子的糞便，你可以拿棉花棒抹一下，通常從尿片上就有，但承認吧，大便有時候不會好好地掉進尿片裡（不管掉在哪抹一下就是了），然後寄給我們。我們會根據一種叫做 16S 核糖體 RNA 的基因排序技術來辨識菌種，並寄回一份你孩子腸道裡的各式菌種和其他微生物的數據。更多進階分析病毒、其他基因和其他核糖體的排序都能透過美國腸道計畫取得。我們也拿你的寶寶微生物群系和其他數萬筆已經分析過的樣本來比較。這樣你就可以看到你的孩子微生物群系與其他同齡兒童，或是類似飲食習慣的孩童之間的異同。比較其他的健康狀況也可以。

計畫中所有的軟體和資料都是開放原始碼供大眾使用的，所以研究人員可以共享，也可以用來進一步了解微生物群系。更重要的是，所有的研究方法都已發表在期刊上，供整個科學社群審視，因此研究結果通常相當穩定且可靠。參與美國腸道計畫時，你也將藉由提供具信度的數據集，支持全世界研究人員來運用這些資料，以探索個體之間微生物群系的差異。

你可以這樣想。我們已經解釋了很多遍,本書中提及的研究有部分是根據很少數的病人資料。某一菌種在患有局部性迴腸炎(克羅恩氏病)的孩子體內數量較多的一項研究,看似十分重要,假設這研究僅僅以20位局部性迴腸炎的孩子和另外20位沒有這狀況的孩子來比,那麼這些研究結果在推斷你孩子的準確性就相當有限。但如果研究人員可以深究美國腸道的資料庫,發現所有被診斷有局部性迴腸炎的孩子腸道裡都有著較多的這種細菌,這樣他們的研究結果就更有效度。然後能用這聯合的證據來申請研究經費,進行更大規模的研究或是推進到臨床測試。

在美國像是 uBiome, Whole Biome, Second Genome 和許多其他的公司,都用了一樣的通則,只是他們更改了一些操作流程以取得專利權。這表示你無法輕易地使用他們的檢驗結果,來比較發表在科學期刊上的研究。而且因為他們的軟體並未開放給大眾,廣大的科學社群無法核實細節,因此他們提供的結果相對不明確。同時,你的測試結果,非但不能被其他研究人員使用,還常被不肖廠商賣給藥廠來獲利。

如果你決定要讓孩子的微生物群系被排序,你可能會想要再多了解一點我們的計畫。如上面提到的,16S 核糖體排序被用來判別菌種。因為每種細菌裡面都能找到這種基因的 DNA(去氧核糖核酸),我們把它當作條碼來使用:靠它來判斷樣本裡有多少種細菌,並且粗略地辨識出菌種的名字。

我們也利用總體基因體分析方法,為一個樣本裡所有微生物的全部基因排序。這與人類基因計畫相似,提供了我們探索基因藍圖的可能,包括所有將蛋白質和身體結構編碼的 DNA。同樣地,總體基因體排序讓我們能讀出你腸道裡所有細菌的藍圖。16S 核糖體

擴增物排序只能大略地告訴我們誰在那裡，而總體基因體排序則能告訴我們那些微生物的功能。這是研究孩子微生物群系較好的辦法。

藉由觀察一個樣本裡所有微生物全部的基因，我們開始拼湊出孩子腸道中微生物對特定飲食的反應，或是為什麼你孩子的微生物群系會造成他的腸子過度發炎。每個微生物的基因組都有我們能用來預測哪些食物細菌喜歡吃，和哪些化學物質他們比較會排出來的訊息。

傑克有個小故事可以揭示這類型的檢驗如何運作：2014 年，因為他的手指關節疼痛，醫生診斷他得了輕微的關節炎，並建議他使用類固醇。他當時不能完全接受。類固醇照理說可以減緩血管和肌肉的炎症反應，許多慢性關節炎的人都使用這種藥物來改善生活品質。但他那時才三十七歲，還沒準備好要接受這命運。

在那不久前，他才剛靠著嚴格的養生飲食計畫和運動，在十二週的時間內，從 93 公斤瘦到 75 公斤，並在計畫的前後檢驗了自己的微生物。他注意到，事情理所當然的改變。他吃了不同的食物，並且多運動，所以整個身體都和他的微生物群系一起發生了變化。但他同時也在想，也許微生物群系與手指上的發炎有關係。連續七天他為他的微生物群系排序，發現體內擬桿菌屬（Bacteroides）的細菌數過量。這是一種常見的腸道微生物，以糖為食。我們常在腹瀉或是滲透性腸道時，看到牠們大增，因為此情況下腸道吸收糖的能力變差。腸道裡較多的糖會帶來較多的擬桿菌。他能使用總體基因體來看到這事情發展的模式：他腸道裡的擬桿菌的基因組，含有所有需要食用不同種類的糖的基因。雖然無法證明，但可能他做的運動造成了身體裡的炎症反應，因為他過度運動，並且發炎可能造成

腸道對糖消化不良，引起擬桿菌過度生長。

但是他還有更好的解釋，雖然他不願意承認。他已經瘦了很多，而且繼續運動，但是他不想要再瘦下去了。當他計算卡路里時，他知道他確切燃燒掉他所攝取的能量。他的目標是讓體重維持在75~77公斤左右，所以他想要讓吃進去的熱量與燒掉的熱量平衡。但是他發現照計畫來平衡運動、工作和增加卡路里很困難。所以他開始吃糖。他買了大量的巧克力棒，每天都吃很多以補足熱量。雖然他沒有證據，但嗜糖細菌在腸道裡增加與他吃糖補充熱量的相關性還蠻有趣的，並且這相關性，當然，和他系統性的發炎和關節痛同時發生。很多其他的研究已經提出糖與炎症之間的關聯性，以及低糖飲食對很多自體免疫性和發炎疾病有益。

所以傑克不再吃巧克力棒，轉而以高蛋白質的零食和蔬菜來補充缺少的熱量。就在他觀察到腸道裡的擬桿菌數量減少後的三週，他的關節就不痛了。這是一個複雜的故事，但我們想告訴你，了解腸道微生物，對找出改變飲食的方法很有幫助，並且可能會影響你的健康。

我們希望能讓你明白這過程並不容易。傑克擁有特別的資源和專業知識，所以才可以探尋不同方法來操控他的飲食。同時，這些檢驗技術得花很多錢。16S 核糖體擴增物排序還算便宜（每份樣本大約 75 美元），總體基因體排序如果做得好的話，通常要更貴（每份樣本大約要價 500 美元），而且要花很多時間分析。有時候需要在超級電腦上運算幾百小時，但因為超級電腦在不同處理器上同時運算所有內容，因此實際上，並不需要花費數百小時。但不論如何，還是很貴。

希望這些總體基因學研究能協助我們加強解讀 16S 核糖體擴增

物的能力。我們能比較每種技術得到的結果，並提高我們從這些數據中提出有用、可行資訊的解讀能力。

　　現在要從美國腸道計畫和其他同類型公司的微生物群系資料中，得出確切的結論相當困難。事實上，除非我們非常確信推論的正確性，否則提出任何論點都是違反倫理的。傑克在他自己身上做實驗，操弄他的飲食內容是一回事（而且說實在的，少吃點糖，吃健康點也不是什麼危險的事情），但若是要在其他任何人身上實驗，完全又是另外一回事了。無論如何，在最近一項與加州大學聖地牙哥分校的高登・薩克森博士（Dr. Gordon Saxe）合作的計畫中，羅布用較一致的方法在研究抗炎飲食的效應，並且試圖了解抗炎飲食對不同疾病的效應，所以我們很快就會有更多的訊息。

103.
有什麼方法可以讓我追蹤孩子微生物群系的變化嗎？

有，但是這方面的計畫還不能給消費者使用。

就像是我們用來了解孩子身高體重是否正常的生長表，微生物群系發展也可以追蹤。目前，大多數相關的研究是在孟加拉和馬拉威進行的，那裡的孩子與美國孩子有差異較大的微生物群系（致病的風險不同）。我們也正在與加州大學聖地牙哥分校的附設 Rady 兒童醫院合作，製作這類型的微生物成長量表。一旦這些量表出爐時，你將可以用來比較孩子的狀況，判斷他們是否符合生長軌跡，與他們是否有得到某種疾病的風險。

同樣地，大規模研究炎症型腸道疾病計畫（RISK）和第一型糖尿病（TEDDY）也提供高風險族群的資料給微生物生長量表，一旦量表完成，你就能預測孩子是否會發展出第一型糖尿病或局部性迴腸炎。但是，就算這些計畫的資料準備好時，還是很難將你自身的資料放進去比較，因為用了不同的方法取得微生物的資料。要等到一項夠強大的臨床研究，來正確地解讀廣大族群的資料，還需要一些時間。

Q

104.

我該如何使用這些訊息？

　　有系統地建立每個人都能了解的微生物路線圖計畫，還停留在尚未成熟的階段。然而，我們和其他許多實驗室所進行的研究，以提供微生物定位系統的方式，日後就能告訴你該如何重新平衡孩子微生物健康的方法。

　　一般來說，你會得到的訊息是從孩子的檢體裡面所分析出一張微生物物種列表產生的，看起來像是臉書中的朋友列表一樣。他告訴你哪些物種在孩子體內，和觀察到的生物體總數中所占的比例。孩子的結果報告在物種的「屬」這個層次呈現。例如，人類的屬是人屬（Homo），你孩子的種是智（sapiens）。我們稱這為二項式：智人（Homo sapiens）。在屬的層級上，一隻狗（Canis familiaris）和一匹狼（Canis lupus）沒有分別。所以當我們告訴你，你有一隻犬屬在家裡時，你不會知道到底應該要害怕，還是要去買乾狗糧。

　　這命名法是微生物群系分析長年以來的問題。在這一章我們討論檢驗是如何進行的，我們談到用 16S 核糖體和總體基因體法分析微生物群系。第一個分析法只能告訴我們不同菌屬在孩子檢體裡的數量，總體基因體則可以用來做進一步的精細辨識。我們繼續用犬屬來比喻，倘若你使用 16S 核糖體的分析方式，你會因為分辨不出是狼還是狗而感到困惑，但當你選用總體基因體分析時，你就能知道究竟是狗還是狼。

　　所以檢驗的方法十分重要。但是，檢驗的最終目的還是要將你的

結果與他人做比較。我的微生物群系和某一個與我同齡、同性別和體重的人有多相似呢？我的孩子的微生物群系是否與那些有自閉症的孩子類似呢？這些都是你會問的問題。某一菌種的存在或是數量，對於我們在這個階段想要知道的訊息來說，反而幫助不大。

但，當我們能知道孩子整體微生物群系與其他孩子的相似程度時，我們就能製作出對使用者更友善的工具，來回答所有關於你的孩子的個人的問題。新的抗生素或是飲食有效嗎？孩子得到某種疾病的風險較高還是較低呢？

許多公司正在朝這方向努力，同時也是科學界熱門的研究課題。自我檢測的儀器相當風行，像是計步器，加速了大眾對生活作息監控的需求，以祈找到健康之道。微生物群系監測也是一個很有力的工具，但在我們所提供的小故事之外，這些工具還不能做出來，因為背後的資訊太過複雜也很難解讀。我們在試著改善資料來源，以確保有能力讓這些工具如我們所希望的那樣被實現。但現在還不是時候，這些都是留待未來去實現。

Q

105：
我要怎麼知道檢驗結果是否可靠？

　　這是個難題。美國目前至少有三家知名的供應商在提供分析服務（American Gut, Second Genome, uBiome）。同時有上百家排序中心提供類似的服務，如果你有辦法掌握自己的工具包（譯註：自己採樣），像是 BioCollective（傑克為創辦人之一）的公司能將你的糞便保留以供未來所需，並且他們也與 CosmosID 公司合作，提供分析服務。但如我們前面提到的，目前你能從這些資料得到的訊息很有限。

　　無論如何，你應該要評估這些公司提供資料的可靠性。當我們選用排序中心時，包括在我們自己的大學（加州大學聖地牙哥分校和芝加哥大學）裡，我們總希望確定資料的品質良好，而且是依照高標準所做出的分析結果，你也該這麼要求。你需要依賴公司的聲譽來選擇。你可以詢問他們是否與同行評審的科學研究使用一樣的技術。為什麼這很重要？如果你希望能解讀這些結果，那麼與原始研究相同的分析方法，就變得很重要。

　　你所用的工具會影響你的工作結果。微生物群系研究也是同樣的道理。採樣的方式，甚至到抹糞便檢體所使用的棉花棒，研究團隊從樣本裡取得 DNA（去氧核糖核酸）的方法，還有甚至用來分析 DNA 的工具全部都會影響結果。這麼一來，分子科學（包含 DNA 研究）就有點像烹飪了。我們都想要烤個蛋糕，但具體的操作過程，會決定蛋糕的好壞。

有些實驗室會要求你多寄幾份檢體，但這樣做，卻無法給你更多訊息，除非這些檢體是在不同日期取樣的。孩子糞便中的微生物群系每天都不同，所以一個檢體所含的訊息不夠多：如果可以觀察微生物群系是如何隨時間變化，將會更有意義。這變異性可能會引起擔憂，但是在不同時間得到不同結果，不代表你有問題。微生物群系是會變動的，因為如同任何生態系統，在他生長時就會改變。我們強烈建議檢體應該要搜集一週，或是一個月裡的某幾週以掌握變異性，這樣才能提供微生物群系組成的平均值的實際狀況，還有腸道成熟過程中可能會發生的狀況。

供應商怎麼說明檢測結果，也是一個選擇的指標。如果他們告訴你這對研究很有幫助，那可能是真的。如果他們說可以「馬上」用來診斷疾病，那你就要小心了。雖然食品與藥物管理局的確有核發許可給臨床實驗室，讓研究人員可以對微生物群系做追蹤研究。但不是為了要利用微生物群系的檢測來探看結果，所以尚未核可任何診斷測試。在科學研究找出可信的標準檢測方法前，單就消費者回饋意見來選擇送驗的廠商也不保險。舉例來說，在選擇洗底片的公司時，你從來不需要擔心這公司是否有在科學期刊發表文章。當你看到照片時，你就知道好壞了。這跟洗底片差很多，你無法用直覺判斷臨床檢驗是對是錯，使用者的意見在這種事情上沒有什麼幫助。

如同幹細胞治療，診所生意總是很忙，但你知道還有很多必須等待科學證據，才能深入了解的地方。

別再相信沒有根據的說法了

　　書中我們列出了父母關心孩子成長常問的各種問題，同時以最新的科學資訊解答。一位母親曾說：「我兒子病得很重。我試了很多方法，但都無效。拜託，拜託，幫我！你實驗室裡一定有解藥！」只是像我們這些科學家，並不是每天都有機會以問答交流的形式，滿足每個人的疑問。

　　父母在找不到答案時感到無助，想幫助這位媽媽的科學家就像是被賦予權力般，試著解答問題。這種感覺像是一種癮，甚至會讓研究人員發表缺乏最新證據支持的聲明。簡單地說，他們開始捏造事實。

　　這種濫權行為傷害了整個科學界，使大眾對科學的信心動搖，也對積極研究的科學家失去信任。這些錯誤論述的出處，都來自尚未有定論、令人感到沮喪的地方。但科學令人振奮，當初步研究結果建議某種療程改善健康的「可能性」時，就會被過度解讀成某療程「有效」。

　　假設一位科學家在實驗室裡辨識出一種細菌，可以讓小鼠吃了之後降低焦慮的症狀。科學家在期刊上發表，也在科學會議闡述這些發現，甚至還接受記者訪問。如果此時記者加上吸睛的標題並報導「快樂細菌治好憂鬱症」，可能有一些人會真的相信，或有些甚至會去閱讀「一部分」的科學文獻，最後，很多人會以為科學界找到了一種神奇細菌，可以治癒人類的憂鬱症。可以說，在極罕見的情況下，因為科學家個人的問題，或他們的媒體公關誇大不實的論

述，最後招致人們對「科學」產生不必要的誤會。

　　受憂鬱症所苦的人，總希望能發現新的治療方式。特別是現在的治療方法都有嚴重的副作用（不見得對每個人都有效）時，他們可能會開始寫電子郵件或打電話給科學家，問他們該如何得到這神奇的「新藥」（是的，美國食品與藥物管理局嚴格管制微生物變成藥品來治病）。我們希望科學家可以解釋，研究還在動物實驗的初步階段，而且還不了解在人類身上的成效。最好這位科學家還會說明：我們甚至不清楚這實驗發現的細菌是否安全，更別說用來治療憂鬱症了。請千萬記得，同樣的微生物對不同的物種能起不同作用：例如，腸道沙門氏菌（*Salmonella enterica* serovur Typhimurlum），對人類只會造成腹瀉，卻會殺死小鼠。還有很多人畜共通傳染病的例子，說明動物的微生物傳到人類身上時，會致人於死。

　　在病情相當嚴重的情況下，病患會自行衡量潛在風險與病痛，並取用細菌以身試法。這些人不如想像中的罕見。這樣未經監督和核可的實驗，可能會導致感染、敗血症和死亡等嚴重後果。

　　傑克的大兒子有自閉症。因此他的部分研究重點，就在了解微生物群系和小孩神經發育之間的關係。不過就算他在動物實驗裡，發現一種有潛力的治療方式，也絕不會用在自己的孩子身上。原因很簡單，科學還沒有證實是否對人體有效、是否安全或有哪些副作用，更不清楚有無意料之外的長遠影響。

　　同樣地，羅布和科羅拉多大學與倫敦大學學院（UCL）合作，研究土裡的分枝桿菌屬牝牛分枝桿菌（Mycobacterium vaccae），他們發現對實驗裡小鼠而言，這種細菌能改善社會壓力和憂鬱的行為[1]。然而，他也絕對不會在任何情況下，提供給任何患有心理疾病

的人吃（最多就是鼓勵他們在符合條件的情況下參與實驗）。

考慮任何療法的長期影響。假設你用了糞便微生物群系移植法來治療腸道裡的偽膜性結腸炎（C. diff infection），而那位捐贈者很胖的話會發生什麼事？繼續高脂肪和高糖的飲食，你也許會變胖，但這跟捐贈者沒有顯著關係。有位羅德島州的女士接受糞便移植之後，開始不斷變重。有趣地是捐贈者（剛好是她的家人）捐贈時體重是 63.5 公斤（140 磅），之後隨即又胖了 13.6 公斤（30 磅）。六個月之後，受贈者也跟家人一樣增加了 15.4 公斤（34 磅）成了肥胖者。三年之後，她仍重達 80.3 公斤（177 磅）。為了解釋這類糞便移植法的長期後果，美國腸胃學會最近從國立衛生研究院得到經費，開始追蹤全國接受糞便移植的捐贈者和受贈者，並且透過我們的美國腸道計畫建置一個生物銀行，提供所有檢體的公開排序資料。

我們一直以來所做的研究，都需要被正確解讀。有時這些答案十分振奮人心，也指引了未來醫療發展。我們認為微生物群系做為治療方法，未來會被廣泛使用。但在那之前，得先針對主要疾病、障礙、病症和健康狀況做足臨床研究。研究不該變成塔羅牌，僅僅用抽象的組合來編造故事，誤把相關性和因果性搞混。兩個變項之間有關聯，並不表示兩者之間有因果關係。更多高品質的研究還等著被完成。

微生物醫學是一個非常引人注目的想法。它能以非侵略性的方式重新平衡和維護健康。人都想要控管自己的健康，卻擔心化學物質和藥物所帶來大量的副作用。無論是間斷的抽搐和病徵，都能透過微生物群系的改變來解釋，並量身打造作出適當的調整。試想在雜貨店就可以買到這樣富影響力的東西（不論是食物或益生菌）有

多誘人。

我們多希望這些理想，能像說的一樣簡單。

與所有疾病和治療一樣，我們必須確定療程是否見效、副作用為何，以及能否應用到廣大的群體。我們正進入精準醫學的世界，這是一種針對個別情況，以找出適合個人的治療方法。微生物群系能協助醫生診斷出疾病，並可能提供新穎的治療手段，但也同時需要與其他的療法合作。

舉一個很好的例子：癌症。傑克在芝加哥大學的同事湯瑪斯・家野武司基（Thomas Gajewski），辨識出某種細菌，讓小鼠吃了後會提高治療黑色素瘤的有效性[2]。這個療法能刺激免疫系統對抗致命的皮膚癌，而且醫生們也顯著地改善了許多病患的狀況。但是，也有些人對此沒有反應。家野武斯基博士在小鼠實驗中發現，將這個細菌與脆弱擬桿菌（Bacteroides fragilis）合併使用時特別有效。比起單純使用免疫封鎖療法，綜合療法（免疫封鎖和益生菌）使小鼠腫瘤變小也變少。

顯而易見地，有些黑色素瘤病患會想要嘗試這種新型綜合療法。但是，如家野武斯基博士常常強調的，這療程只有在小鼠實驗裡被試驗過。Evelo LLC 公司最近投資了三千萬美元想要發展這一項綜合療法，希望可以開始進行人體測試。

臨床研究很困難。舉例來說，Seres Therapeutics 公司試圖降低糞便移植法時感染到艱難梭菌（Clostridium difficile），導致偽膜性結腸炎這固有的風險，他們想從糞便中分離細菌，做出調配過的飲品。這些都遵照美國食品與藥物管理局（FDA）藥物規範來製作。第一階段的安全測試結果很不錯，與天然糞便移植的成功率一

樣高。不過在第二階段（有效性測試）時，他們更改了製作方法和目標族群，結果他們的「微生物藥」不比安慰劑有效了。他們正在分析資料以找到原因。這個結果再次證實即使一種藥物或是微生物對一特定群體有效，不代表對你也有效。就算是以最好的理論基礎發展的產品，實施時也不見得能成功。況且這不僅侷限於微生物，瘦蛋白荷爾蒙神奇地讓胖小鼠變瘦，除了少數基因缺陷的人群以外，對一般人也起不了作用。

微生物為基礎的療法，不論是單一使用還是與其他療法合併使用，都相當令人期待，但我們必須冷靜，不被沖昏頭，讓人們有錯誤的期待，進而想要在自己身上進行實驗。我們必須對公開的訊息更加謹慎。但同時保有開創性和新意，提攜下一代的科學前進，使夢想成真。

這本書涵蓋目前對微生物群系最新的知識內容。我們著墨於最真實、最可信賴的證據，來支持有潛力和現存治療疾病的方法。我們希望這本書中提供的證據和建議，可以協助父母在這個令人困惑但吸引人的領域裡邀遊。

在停筆之前，我們希望在你為孩子做決定時，特別留意所參考的證據。用你的批判式思考能力來做決定。放下成見，不要去找符合你預期的資料或結論。就算你不認同這題目或標題，試著把新聞或整篇科學文章讀完。如果可以，請探究背景因素。在網站上尋找經證實的證據，像是 clinicaltrials.gov、大學醫院或國際認可的醫療機構網站。問你自己兩個簡單的問題：解讀出的訊息能被研究本身支持嗎？這跟我的擔憂有任何關聯嗎？這裡有能用來照顧小孩的資訊嗎？如果有任何疑慮，應該要相信這些都值得懷疑。

說到底，你是為人父母的人，不論好壞，得為決定和後果負責。

我們倆都是父親，也經常犯錯，相信所有爸媽都是這樣一路走來。如果孩子有書中列舉出的任何健康狀況，希望這本書都能幫得上忙。

　祝你好運！

致謝

　首先，我們要感謝那些說服我們寫下這本書的人，包括那些在每個會議上問我們問題的人。這種實事求是、持續追求證據的渴望，也是驅動我們將微生物群系背後的科學實證囊括進來研究的動力之一。

　我們要感謝 Ed Yong，傾聽所有我們對於出版和寫書的大小問題，也謝謝 Neil Shubin，提點我們很多關於科學家出版和捕捉正確角度的想法。Ed 和 Neil 也幫我們（間接地）選了出版經紀人 James Levine，並且馬上掌握了我們想要表達的想法。他協助我們探索出版社和讀者期待的風景，並指引我們找到珊卓拉・布萊克斯里（Sandra Blakeslee）合作，讓這本書變得更棒。如果珊卓拉只是代筆人，我們可能可以更明確地闡述她的貢獻。但其實從很多角度來看，我們是一個對內容有同等貢獻的團隊。我們很感謝她和我們密切地合作，確保科學內容正確易讀。

　我們也特別要謝謝傑克的太太 Katharine Gilbert，和羅布的伴侶 Amanda Birmingham，對這個瘋狂的想法深信不疑，也要謝謝他們無價的支持和對書中內容的建議。我們更要感謝我們的父母 Hilary and Anthony Gilbert，還有 Drs. John and Allison Knight，讀了初稿，並對我們的標點符號沒有太多怨言。

　我們同時感謝很多人對這本書貢獻了很多想法，並對稿件給與寶貴建議，包括 Erin Lane, Brian and Nadda Kwilosz, Dr. John Alverdy, Alison Vrbanac, Dr. Nicole Scott, Dr. Jairam, K.

P. Vanamala, Dr. Chris Callewaert, Dr. Marty Blaser, Dr. Maria Gloria Dominguez-Bello, Hannes Holste, Dr. Jae Kim, Dr. Gabriel Haddad, Dr. Emily Lukacz, Dr. Linda Brubaker, Dr. Marie-Claire Arrieta, Dr. Fernando Perez, Dr. Eugene Chang, Martha Carlin, Dr. Daniel van der Lelie, 和 Dr. Rick Stevens. 我們也想感謝那數百名與我們合作的研究人員和同事，希望在本書裡有正確地傳達他們的想法和發現。

最後，我們要感謝提供經費的單位和我們所屬的機構（Argonne National Laboratory, University of Chicago, University of California at San Diego, and the Marine Biological Laboratory），謝謝他們支持科學研究，我們才有足夠的證據呈現在本書裡。最重要的是，我們要謝謝所有參與臨床實驗的受試者，你們的時間、力氣和樣本，讓這些研究能順利進行。透過捐贈糞便，你們已經改變了這個世界。

參考文獻

Chapter 1：微生物群系

1. Weiss, M. C., et al. (2016). The physiology and habitat of the last universal common ancestor. *Nat. Microbiol.*, 1, 16116.

2. Lennon, J. T., & Locey, K. J. (2016). The underestimation of global microbial diversity. *mBio, 7*, e01298—16.

Chapter 2：人類的微生物群系

1. Sender, R., Fuchs, S., & Milo, R. (2016). Revised estimates for the number of human and bacteria cells in the body. *PLoS Biol., 14*, e1002533.

Chapter 3：懷孕

1. Rizzo, A., et al. (2015). Lactobacillus crispatus mediates anti-inflammatory cytokine interleukin-10 induction in response to Chlamydia trachomatis infection in vitro. *Int. J. Med. Microbiol., 305*, 815—827.

2. Van Oostrum, N., De Sutter, P., Meys, J., & Verstraelen, H. (2013). Risks associated with bacterial vaginosis in infertility patients: a systematic review and meta-analysis. *Hum. Reprod. Oxf. Engl., 28*, 1809—1815.

3. Weng, S.-L., et al. (2014). Bacterial communities in semen from men of infertile couples: metagenomic sequencing reveals relationships of seminal microbiota to semen quality. *PloS One, 9*, e110152.

4. Lax, S., et al. (2014). Longitudinal analysis of microbial interaction between humans and the indoor environment. *Science, 345*, 1048—1052.

5. Song, S. J., et al. (2013). Cohabiting family members share microbiota with one another and with their dogs. *eLife, 2*, e00458.

6. Ibid.

7. Nakano, K., et al. (2009). Detection of oral bacteria in cardiovascular specimens. *Oral Microbiol. Immunol., 24*, 64—68.

8. Madianos, P. N., Bobetsis, Y. A., & Offenbacher, S. (2013). Adverse pregnancy outcomes (APOs) and periodontal disease: pathogenic mechanisms. *J. Periodontol., 84*, S170—S180; Bobetsis, Y. A., Barros, S. P., & Offenbacher, S. (2006). Exploring the relationship between periodontal disease and pregnancy complications. *J. Am. Dent. Assoc., 137,* Suppl, 7S—13S.

9. Durand, R., Gunselman, E. L., Hodges, J. S., Diangelis, A. J., & Michalowicz, B. S. (2009). A pilot study of the association between cariogenic oral bacteria and preterm birth. *Oral Dis., 15*, 400—406.

10. Pozo, E., et al. (2016). Preterm birth and/or low birth weight are associated with periodontal disease and the increased placental immunohistochemical expression of inflammatory markers. *Histol. Histopathol., 31*, 231—237.

11. Corbella, S., Taschieri, S., Francetti, L., De Siena, F., & Del Fabbro, M. (2012). Periodontal disease as a risk factor for adverse pregnancy outcomes: a systematic review and meta-analysis of case-control studies. *Odontology, 100*, 232—240.

12. Smith-Spangler, C., et al. (2012). Are organic foods safer or healthier than conventional alternatives? A systematic review. *Ann. Intern. Med., 157*, 348.

13. Alcock, I., White, M. P., Wheeler, B. W., Fleming, L. E., & Depledge, M. H. (2014). Longitudinal effects on mental health of moving to greener and less green urban areas. *Environ. Sci. Technol., 48*, 1247—1255.

14. Breton, J., et al. (2016). Gut commensal E. coli proteins activate host satiety pathways following nutrient-induced bacterial growth. *Cell Metab., 23*, 324—334.

15. Rezzi, S., et al. (2007). Human metabolic phenotypes link directly to specific dietary preferences in healthy individuals. *J. Proteome Res., 6*, 4469—4477.

16. Leone, V., et al. (2015). Effects of diurnal variation of gut microbes and high-fat feeding on host circadian clock function and metabolism. *Cell Host Microbe, 17*, 681—689.

17. Santacruz, A., et al. (2010). Gut microbiota composition is associated with body weight, weight gain and biochemical parameters in pregnant women. *Br. J. Nutr., 104*, 83—92.

18. Bajaj, K., & Gross, S. J. (2015). The genetics of diabetic pregnancy. *Best Pract. Res. Clin. Obstet. Gynaecol., 29*, 102—109.

19. Fuller, M., et al. (2015). The short-chain fatty acid receptor, FFA2, contributes to gestational glucose homeostasis. *Am. J. Physiol. Endocrinol. Metab., 309,* E840—E851.

20. Allen, J. M., et al. (2015). Voluntary and forced exercise differentially alters the gut

microbiome in C57BL/6J mice. *J. Appl. Physiol. Bethesda Md (1985), 118*, 1059—1066.

21. Kang, S. S., et al. (2014). Diet and exercise orthogonally alter the gut microbiome and reveal independent associations with anxiety and cognition. *Mol. Neurodegener., 9*, 36.

22. Tibaldi, C., et al. (2016). Maternal risk factors for abnormal vaginal flora during pregnancy. *Int. J. Gynaecol. Obstet. Off. Organ Int. Fed. Gynaecol. Obstet., 133*, 89—93; Donders, G. G. G. (2015). Reducing infection-related preterm birth. BJOG *Int. J. Obstet. Gynaecol., 122*, 219; Newton, E. R., Piper, J., & Peairs, W. (1997). Bacterial vaginosis and intraamniotic infection. *Am. J. Obstet. Gynecol., 176*, 672—677.

23. Prince, A. L., et al. (2016). The placental membrane microbiome is altered among subjects with spontaneous preterm birth with and without chorioamnionitis. *Am. J. Obstet. Gynecol., 214*, 627.e1—627.e16.

24. Abramovici, A., et al. (2015). Quantitative polymerase chain reaction to assess response to treatment of bacterial vaginosis and risk of preterm birth. *Am. J. Perinatol., 32*, 1119—1125.

25. Yang, S., et al. (2015). Is there a role for probiotics in the prevention of preterm birth? *Front. Immunol., 6*, 62; Yang, S., et al. (2014). Probiotic Lactobacillus rhamnosus GR-1 supernatant prevents lipopolysaccharide-induced preterm birth and reduces inflammation in pregnant CD-1 mice. *Am. J. Obstet. Gynecol., 211*, 44.e1—44.e12.

26. Bierne, H., et al. (2012). Activation of type III interferon genes by pathogenic bacteria in infected epithelial cells and mouse placenta. *PloS One, 7*, e39080.

27. Lemas, D. J., et al. (2016). Exploring the contribution of maternal antibiotics and breastfeeding to development of the infant microbiome and pediatric obesity. *Semin. Fetal. Neonatal Med., 21*, 406—409.

28. Stokholm, J., et al. (2014). Antibiotic use during pregnancy alters the commensal vaginal microbiota. *Clin. Microbiol. Infect. Off. Publ. Eur. Soc. Clin. Microbiol. Infect. Dis., 20*, 629—635.

29. Mueller, N. T., et al. (2015). Prenatal exposure to antibiotics, cesarean section and risk of childhood obesity. *Int. J. Obes. 2005, 39*, 665—670.

30. Kuperman, A. A., & Koren, O. (2016). Antibiotic use during pregnancy: How bad is it? *BMC Med., 14*, 91.

31. Tormo-Badia, N., et al. (2014). Antibiotic treatment of pregnant non-obese diabetic mice leads to altered gut microbiota and intestinal immunological changes in the offspring. *Scand. J. Immunol., 80*, 250—260; Ledger, W. J., & Blaser, M. J. (2013). Are we using too many antibiotics during pregnancy? *BJOG Int. J. Obstet. Gynaecol., 120*, 1450—1452; Metsälä, J., et al. (2013). Mother's and offspring's use of antibiotics

and infant allergy to cow's milk. *Epidemiol. Camb. Mass, 24*, 303—309; Atladottir, H. Ó., Henriksen, T. B., Schendel, D. E., & Parner, E. T. (2012). Autism after infection, febrile episodes, and antibiotic use during pregnancy: An exploratory study. *Pediatrics, 130*, e1447—1454; Stensballe, L. G., Simonsen, J., Jensen, S. M., Bønnelykke, K., & Bisgaard, H. (2013). Use of antibiotics during pregnancy increases the risk of asthma in early childhood. *J. Pediatr., 162*, 832—838.e3.

32. Stensballe, L. G., Simonsen, J., Jensen, S. M., Bønnelykke, K., & Bisgaard, H. (2013). Use of antibiotics during pregnancy increases the risk of asthma in early childhood. *J. Pediatr., 162*, 832—838.e3; Kaplan, Y. C., Keskin-Arslan, E., Acar, S., & Sozmen, K. (2016). Prenatal selective serotonin reuptake inhibitor use and the risk of autism spectrum disorder in children: A systematic review and meta-analysis. *Reprod. Toxicol. Elmsford N, 66*, 31—43; Alwan, S., Friedman, J. M., & Chambers, C. (2016). Safety of selective serotonin reuptake inhibitors in pregnancy: A review of current evidence. *CNS Drugs, 30*, 499—515; Ross, L. E., et al. (2013). Selected pregnancy and delivery outcomes after exposure to ntidepressant medication: a systematic review and meta-analysis. *JAMA Psychiatry, 70*, 436—443; El Marroun, H., et al. (2012). Maternal use of selective serotonin reuptake inhibitors, fetal growth, and risk of adverse birth outcomes. *Arch. Gen. Psychiatry, 69*, 706—714.

Chapter 4：生產

1. Hutton, E. K., et al. (2016). Outcomes associated with planned place of birth among women with low-risk pregnancies. *CMAJ Can. Med. Assoc. J. J. Assoc. Medicale Can., 188*, E80—E90.

2. Illuzzi, J. L., Stapleton, S. R., & Rathbun, L. (2015). Early and total neonatal mortality in relation to birth setting in the United States, 2006—2009. *Am. J. Obstet. Gynecol., 212*, 250.

3. Cheyney, M., et al. (2014). Outcomes of care for 16,924 planned home births in the United States: The Midwives Alliance of North America Statistics Project, 2004 to 2009. *J. Midwifery Women's Health, 59*, 17—27.

4. Janssen, P. A., et al. (2002). Outcomes of planned home births versus planned hospital births after regulation of midwifery in British Columbia. *CMAJ Can. Med. Assoc. J. J. Assoc. Medicale Can., 166*, 315—323.

5. Hutton, E. K., Reitsma, A., Thorpe, J., Brunton, G., & Kaufman, K. (2014). Protocol: Systematic review and meta-analyses of birth outcomes for women who intend at the onset of labour to give birth at home compared to women of low obstetrical risk who intend to give birth in hospital. *Syst. Rev., 3*, 55.

6. Illuzzi, J. L., Stapleton, S. R., & Rathbun, L. (2015). Early and total neonatal mortality in relation to birth setting in the United States, 2006—2009. *Am. J. Obstet. Gynecol., 212,* 250.

7. Aagaard, K., et al. (2014). The placenta harbors a unique microbiome. Sci. Transl. Med., 6, 237ra65; Lauder, A. P., et al. (2016). Comparison of placenta samples with contamination controls does not provide evidence for a distinct placenta microbiota. *Microbiome, 4,* 29.

8. Dominguez-Bello, M. G., et al. (2010). Delivery mode shapes the acquisition and structure of the initial microbiota across multiple body habitats in newborns. *Proc. Natl. Acad. Sci. U.S.A., 107,* 11971—11975.

9. Dominguez-Bello, M. G., et al. (2016). Partial restoration of the microbiota of cesarean-born infants via vaginal microbial transfer. *Nat. Med., 22* (3), 250—253, doi:10.1038/nm.4039.

10. Portela, D. S., Vieira, T. O., Matos, S. M., de Oliveira, N. F., & Vieira, G. O. (2015). Maternal obesity, environmental factors, cesarean delivery and breastfeeding as determinants of overweight and obesity in children: Results from a cohort. *BMC Pregnancy Childbirth, 15,* 94; Pei, Z., et al. (2014). Cesarean delivery and risk of childhood obesity. *J. Pediatr., 164,* 1068—1073.e2; Huh, S. Y., et al. (2012). Delivery by caesarean section and risk of obesity in preschool age children: A prospective cohort study. *Arch. Dis. Child., 97,* 610—616; Blustein, J., et al. (2013). Association of caesarean delivery with child adiposity from age 6 weeks to 15 years. *Int. J. Obes. 2005, 37,* 900—906.

11. Henningsson, A., Nystrom, B., & Tunnell, R. (1981). Bathing or washing babies after birth? *Lancet Lond. Engl., 2,* 1401—1403.

12. Shulak, B. (1963). The antibacterial action of vernix caseosa. *Harper Hosp. Bull., 21,* 111—117; Jha, A. K., Baliga, S., Kumar, H. H., Rangnekar, A., & Baliga, B. S. (2015). Is there a preventive role for vernix caseosa? An invitro study. *J. Clin. Diagn. Res., 9,* SC13—16.

13. Warner, B. B., et al. (2016). Gut bacteria dysbiosis and necrotizing enterocolitis in very low birthweight infants: A prospective case-control study. *Lancet Lond. Engl., 387,* 1928—1936.

14. McMurtry, V. E., et al. (2015). Bacterial diversity and clostridia abundance decrease with increasing severity of necrotizing enterocolitis. *Microbiome, 3,* 11.

15. Niemarkt, H. J., et al. (2015). Necrotizing enterocolitis: A clinical review on diagnostic biomarkers and the role of the intestinal microbiota. *Inflamm. Bowel Dis., 21,* 436—444.

16. Underwood, M. A. (2016). Impact of probiotics on necrotizing enterocolitis. *Semin.*

Perinatol. doi:10.1053/j.semperi.2016.09.017.

17. Penders, J., et al. (2014). New insights into the hygiene hypothesis in allergic diseases: Mediation of sibling and birth mode effects by the gut microbiota. *Gut Microbes, 5,* 239—244.

18. Penders, J., et al. (2013). Establishment of the intestinal microbiota and its role for atopic dermatitis in early childhood. *J. Allergy Clin. Immunol., 132,* 601—607.e8.

19. Human Microbiome Project Consortium. (2012). Structure, function and diversity of the healthy human microbiome. *Nature, 486,* 207—214.

20. Ibid.

21. Zozaya, M., et al. (2016). Bacterial communities in penile skin, male urethra, and vaginas of heterosexual couples with and without bacterial vaginosis. *Microbiome, 4,* 16.

22. Song, S. J., et al. (2013). Cohabiting family members share microbiota with one another and with their dogs. *eLife,* 2, e00458; Yatsunenko, T., et al. (2012). Human gut microbiome viewed across age and geography. *Nature.* doi:10.1038/nature11053.

Chapter 5：母乳哺育

1. Kramer, M. S., et al. (2007). Effects of prolonged and exclusive breastfeeding on child height, weight, adiposity, and blood pressure at age 6.5 y: Evidence from a large randomized trial. *Am. J. Clin. Nutr., 86,* 1717—1721.

2. Sela, D. A., et al. (2008). The genome sequence of Bifidobacterium longum subsp. infantis reveals adaptations for milk utilization within the infant microbiome. *Proc. Natl. Acad. Sci. U.S.A., 105,* 18964—18969; Bode, L. (2009). Human milk oligosaccharides: Prebiotics and beyond. *Nutr. Rev., 67* Suppl 2, S183—191; Yu, Z.-T., et al. (2013). The principal fucosylated oligosaccharides of human milk exhibit prebiotic properties on cultured infant microbiota. *Glycobiology, 23,* 169—177.

3. Sela, D. A., et al. (2008). The genome sequence of Bifidobacterium longum subsp. infantis reveals adaptations for milk utilization within the infant microbiome. *Proc. Natl. Acad. Sci. U.S.A., 105,* 18964—18969.

4. Charbonneau, M. R., et al. (2016). Sialylated milk oligosaccharides promote microbiota-dependent growth in models of infant undernutrition. *Cell, 164,* 859—871.

5. Bode, L. (2009). Human milk oligosaccharides: Prebiotics and beyond. *Nutr. Rev., 67* Suppl 2, S183—S191.

6. Goldsmith, A. J., et al. (2016). Formula and breast feeding in infant food allergy: A

population-based study. *J. Paediatr. Child Health, 52,* 377—384.

7. Bloom, B. T. (2016). Safety of donor milk: A brief report. J. *Perinatol. Off. J. Calif. Perinat. Assoc., 36,* 392—393.

8. Bravi, F., et al. (2016). Impact of maternal nutrition on breast-milk composition: A systematic review. *Am. J. Clin. Nutr., 104,* 646—662.

9. Grote, V., et al. (2016). Breast milk composition and infant nutrient intakes during the first 12 months of life. *Eur. J. Clin. Nutr., 70,* 250—256.

10. Prentice, A. M., et al. (1980). Dietary supplementation of Gambian nursing mothers and lactational performance. *The Lancet, 316,* 886—888.

11. Makrides, M., Neumann, M. A., & Gibson, R. A. (1996). Effect of maternal docosahexaenoic acid (DHA) supplementation on breast milk composition. *Eur. J. Clin. Nutr., 50,* 352—357.

12. Dunstan, J. A., et al. (2004). The effect of supplementation with fish oil during pregnancy on breast milk immunoglobulin A, soluble CD14, cytokine levels and fatty acid composition. *Clin. Exp. Allergy J. Br. Soc. Allergy Clin. Immunol., 34,* 1237—1242.

13. Chung, A. M., Reed, M. D., & Blumer, J. L. (2002). Antibiotics and breast-feeding: A critical review of the literature. *Paediatr. Drugs, 4,* 817—837.

14. Newton, E. R., & Hale, T. W. (2015). Drugs in breast milk. *Clin. Obstet. Gynecol., 58,* 868—884.

15. Dubois, N. E., & Gregory, K. E. (2016). Characterizing the intestinal microbiome in infantile colic: Findings based on an integrative review of the literature. *Biol. Res. Nurs., 18,* 307—315.

16. De Weerth, C., Fuentes, S., Puylaert, P., & de Vos, W. M. (2013). Intestinal microbiota of infants with colic: Development and specific signatures. *Pediatrics, 131,* e550—558.

17. Indrio, F., et al. (2014). Prophylactic use of a probiotic in the prevention of colic, regurgitation, and functional constipation: A randomized clinical trial. *JAMA Pediatr., 168,* 228—233.

Chapter 6：抗生素

1. Dargaville, P. A., Copnell, B., & Australian and New Zealand Neonatal Network. (2006). The epidemiology of meconium aspiration syndrome: Incidence, risk actors, therapies, and outcome. *Pediatrics, 117,* 1712—1721.

2. Lee, J., et al. (2016). Meconium aspiration syndrome: A role for fetal systemic

inflammation. *Am. J. Obstet. Gynecol., 214*, 366.e1—9.

3. Zloto, O., et al. (2016). Ophthalmia neonatorum treatment and prophylaxis: IPOSC global study. *Graefes Arch. Clin. Exp. Ophthalmol., 254*, 577—582.

4. Theriot, C. M., et al. (2014). Antibiotic-induced shifts in the mouse gut microbiome and metabolome increase susceptibility to Clostridium difficile infection. *Nat. Commun., 5*, 3114.

5. Dethlefsen, L., & Relman, D. A. (2011). Incomplete recovery and individualized responses of the human distal gut microbiota to repeated antibiotic perturbation. *Proc. Natl. Acad. Sci. U.S.A.*, 108 Suppl 1, 4554—4561.

6. Cox, L. M., & Blaser, M. J. (2015). Antibiotics in early life and obesity. *Nat. Rev. Endocrinol., 11*, 182—190.

7. Benjamin Neelon, S. E., et al. (2015). Early child care and obesity at 12 months of age in the Danish National Birth Cohort. *Int. J. Obes. 2005, 39*, 33—38.

8. Gerber, J. S., et al. (2016). Antibiotic exposure during the first 6 months of life and weight gain during childhood. *JAMA, 315*, 1258.

9. Cho, I., et al. (2012). Antibiotics in early life alter the murine colonic microbiome and adiposity. *Nature, 488*, 621—626.

Chapter 7：益生菌

1. Sood, A., et al. (2009). The probiotic preparation, VSL#3 induces remission in patients with mild-to-moderately active ulcerative colitis. *Clin. Gastroenterol. Hepatol., 7*, 1202—1209, 1209.e1; Gaudier, E., Michel, C., Segain, J.-P., Cherbut, C., & Hoebler, C. (2005). The VSL#3 probiotic mixture modifies microflora but does not heal chronic dextran-sodium sulfate-induced colitis or reinforce the mucus barrier in mice. *J. Nutr., 135*, 2753—2761; Kim, H. J., et al. (2005). A randomized controlled trial of a probiotic combination VSL#3 and placebo in irritable bowel syndrome with bloating. *Neurogastroenterol. Motil., 17*, 687—696; Loguercio, C., et al. (2005). Beneficial effects of a probiotic VSL#3 on parameters of liver dysfunction in chronic liver diseases. *J. Clin. Gastroenterol., 39*, 540—543; Kim, H. J., et al. (2003). A randomized controlled trial of a probiotic, VSL#3, on gut transit and symptoms in diarrhoea-predominant irritable bowel syndrome. *Aliment. Pharmacol. Ther., 17*, 895—904.

2. Matsuzaki, T., & Chin, J. (2000). Modulating immune responses with probiotic bacteria. *Immunol. Cell Biol., 78*, 67—73.

3. Berni Canani, R., et al. (2016). Lactobacillus rhamnosus GG-supplemented formula

expands butyrate-producing bacterial strains in food allergic infants. *ISME J., 10*, 742—750.

4. Tang, M. L. K., et al. (2015). Administration of a probiotic with peanut oral immunotherapy: A randomized trial. *J. Allergy Clin. Immunol., 135*, 737—744.e8.

5. Zuccotti, G., et al. (2015). Probiotics for prevention of atopic diseases in infants: Systematic review and meta-analysis. *Allergy, 70*, 1356—1371.

6. Allen, S. J., et al. (2014). Probiotics in the prevention of eczema: A randomised controlled trial. *Arch. Dis. Child., 99*, 1014—1019.

7. Thomas, C. L., & Fernández-Peñas, P. (2016). The microbiome and atopic eczema: More than skin deep. *Australas. J. Dermatol.* doi:10.1111/ajd.12435.

8. Salarkia, N., Ghadamli, L., Zaeri, F., & Sabaghian Rad, L. (2013). Effects of probiotic yogurt on performance, respiratory and digestive systems of young adult female endurance swimmers: A randomized controlled trial. *Med. J. Islam. Repub. Iran, 27*, 141—146.

9. Di Pierro, F., Di Pasquale, D., & Di Cicco, M. (2015). Oral use of Streptococcus salivarius K12 in children with secretory otitis media: Preliminary results of a pilot, uncontrolled study. *Int. J. Gen. Med., 8*, 303—308.

10. Dominguez-Bello, M. G., & Blaser, M. J. (2008). Do you have a probiotic in your future? *Microbes Infect., 10*, 1072—1076.

11. Szajewska, H., & Mrukowicz, J. Z. (2001). Probiotics in the treatment and prevention of acute infectious diarrhea in infants and children: A systematic review of published randomized, double-blind, placebo-controlled trials. *J. Pediatr. Gastroenterol. Nutr., 33* Suppl 2, S17—S25.

12. Mohsin, M., Guenther, S., Schierack, P., Tedin, K., & Wieler, L. H. (2015). Probiotic Escherichia coli Nissle 1917 reduces growth, Shiga toxin expression, release and thus cytotoxicity of enterohemorrhagic Escherichia coli. *Int. J. Med. Microbiol., 305*, 20—26.

13. Sazawal, S., et al. (2006). Efficacy of probiotics in prevention of acute diarrhoea: A meta-analysis of masked, randomised, placebo-controlled trials. *Lancet Infect. Dis., 6*, 374—382.

14. Slattery, J., MacFabe, D. F., & Frye, R. E. (2016). The significance of the enteric microbiome on the development of childhood disease: A review of prebiotic and probiotic therapies in disorders of childhood. *Clin. Med. Insights Pediatr., 10*, 91—107.

15. McFadden, R.-M. T., et al. (2015). The role of curcumin in modulating colonic microbiota during colitis and colon cancer prevention. *Inflamm. Bowel Dis., 21*, 2483—2494.

16. Cao, Y., et al. (2016). Modulation of gut microbiota by berberine improves steatohepatitis in high-fat diet-fed BALB/C Mice. *Arch. Iran. Med., 19*, 197—203.

Chapter 8：兒童日常飲食

1. Vandeputte, D., et al. (2016). Stool consistency is strongly associated with gut microbiota richness and composition, enterotypes and bacterial growth rates. *Gut, 65*, 57—62.

2. Franciscovich, A., et al. (2015). PoopMD, a mobile health application, accurately identifies infant acholic stools. *PLoS One, 10*, e0132270.

3. Pelto, G. H., Zhang, Y., & Habicht, J.-P. (2010). Premastication: The second arm of infant and young child feeding for health and survival? *Matern. Child. Nutr., 6*, 4—18.

4. Lack, G., & Penagos, M. (2011). Early feeding practices and development of food allergies. *Nestle Nutr. Workshop Ser. Paediatr. Programme, 68*, 169—183; discussion 183—186.

5. Blanton, L. V., Barratt, M. J., Charbonneau, M. R., Ahmed, T., & Gordon, J. I. (2016). Childhood undernutrition, the gut microbiota, and microbiota-directed therapeutics. *Science, 352*, 1533.

6. Smith, M. I., et al. (2013). Gut microbiomes of Malawian twin pairs discordant for kwashiorkor. *Science, 339*, 548—554.

7. Du Toit, G., et al. (2015). Randomized trial of peanut consumption in infants at risk for peanut allergy. *N. Engl. J. Med., 372*, 803—813.

8. Rachid, R., & Chatila, T. A. (2016). The role of the gut microbiota in food allergy. *Curr. Opin. Pediatr., 28*, 748—753.

9. Clemente, J. C., et al. (2015). The microbiome of uncontacted Amerindians. *Sci. Adv., 1*, e1500183—e1500183; Dominguez-Bello, M. G., et al. (2016). Ethics of exploring the microbiome of native peoples. *Nat. Microbiol., 1*, 16097; Turroni, S., et al. (2016). Fecal metabolome of the Hadza hunter-gatherers: A host-microbiome integrative view. *Sci. Rep., 6*, 32826.

10. Leone, V., et al. (2015). Effects of diurnal variation of gut microbes and high-fat feeding on host circadian clock function and metabolism. *Cell Host Microbe, 17*, 681—689.

11. Dewhirst, F. E. (2016). The oral microbiome: Critical for understanding oral health and disease. *J. Calif. Dent. Assoc., 44*, 409—410.

12. Thaiss, C. A., et al. (2016). Persistent microbiome alterations modulate the rate of post-dieting weight regain. *Nature*. doi:10.1038/nature20796.

13. Zhang, C., et al. (2015). Dietary modulation of gut microbiota contributes to alleviation of both genetic and simple obesity in children. *EBioMedicine, 2*, 968—984.

14. Smith-Spangler, C., et al. (2012). Are organic foods safer or healthier than conventional alternatives? A systematic review. *Ann. Intern. Med., 157*, 348.

15. Holme, F., et al. (2016). The role of diet in children's exposure to organophosphate pesticides. *Environ. Res., 147*, 133—140.

16. Schrödl, W., et al. (2014). Possible effects of glyphosate on mucorales abundance in the rumen of dairy cows in Germany. *Curr. Microbiol., 69*, 817—823.

17. Suez, J., et al. (2014). Artificial sweeteners induce glucose intolerance by altering the gut microbiota. *Nature, 514*, 181—186.

18. Giulivo, M., Lopez de Alda, M., Capri, E., & Barceló, D. (2016). Human exposure to endocrine disrupting compounds: Their role in reproductive systems, metabolic syndrome and breast cancer. A review. *Environ. Res., 151*, 251—264.

19. Oishi, K., et al. (2008). Effect of probiotics, Bifidobacterium breve and Lactobacillus casei, on bisphenol A exposure in rats. *Biosci. Biotechnol. Biochem., 72*, 1409—1415.

Chapter 9：兒童腸道

1. Faith, J. J., et al. (2013). The long-term stability of the human gut microbiota. *Science, 341*, 1237439.

2. Dominguez-Bello, M. G., et al. (2010). Delivery mode shapes the acquisition and structure of the initial microbiota across multiple body habitats in newborns. *Proc. Natl. Acad. Sci. U.S.A., 107*, 11971—11975.

3. Bäckhed, F., et al. (2015). Dynamics and stabilization of the human gut microbiome during the first year of life. *Cell Host Microbe, 17*, 852.

4. Koenig, J. E., et al. (2011). Succession of microbial consortia in the developing infant gut microbiome. *Proc. Natl. Acad. Sci. U.S.A., 108* Suppl 1, 4578—4585.

5. Faith, J. J., et al. (2013). The long-term stability of the human gut microbiota. *Science, 341*, 1237439.

6. Palm, N. W., et al. (2014). Immunoglobulin A coating identifies colitogenic bacteria in inflammatory bowel disease. *Cell, 158*, 1000—1010.

7. Barr, J. J., et al. (2013). Bacteriophage adhering to mucus provide a non-host-derived immunity. *Proc. Natl. Acad. Sci. U.S.A., 110*, 10771—10776.

8. Vandeputte, D., et al. (2016). Stool consistency is strongly associated with gut microbiota richness and composition, enterotypes and bacterial growth rates. *Gut, 65*, 57—62.

9. Mello, C. S., et al. (2016). Gut microbiota differences in children from distinct socioeconomic levels living in the same urban area in Brazil. *J. Pediatr. Gastroenterol. Nutr., 63*, 460—465.

10. Yatsunenko, T., et al. (2012). Human gut microbiome viewed across age and geography. *Nature*. doi:10.1038/nature11053.

11. Goodrich, J. K., et al. (2014). Human genetics shape the gut microbiome. *Cell, 159*, 789—799.

12. Braun-Fahrlander, C., et al. (2002). Environmental exposure to endotoxin and its relation to asthma in school-age children. *N. Engl. J. Med., 347*, 869—877; Riedler, J., et al. (2001). Exposure to farming in early life and development of asthma and allergy: A cross-sectional survey. *Lancet Lond. Engl., 358*, 1129—1133.

13. Ibid.

Chapter 10：憂鬱症

1. Kennedy, P. J., Cryan, J. F., Dinan, T. G., & Clarke, G. (2017). Kynurenine pathway metabolism and the microbiota-gut-brain axis. *Neuropharmacology, 112*, 399—412.

2. Bravo, J. A., et al. (2012). Communication between gastrointestinal bacteria and the nervous system. *Curr. Opin. Pharmacol., 12*, 667—672.

3. Messaoudi, M., et al. (2011). Assessment of psychotropic-like properties of a probiotic formulation (Lactobacillus helveticus R0052 and Bifidobacterium longum R0175) in rats and human subjects. *Br. J. Nutr., 105*, 755—764.

4. Gacias, M., et al. (2016). Microbiota-driven transcriptional changes in prefrontal cortex override genetic differences in social behavior. *eLife*, 5:e13442; Hoban, A. E., et al. (2016). Regulation of prefrontal cortex myelination by the microbiota. *Transl. Psychiatry, 6*, e774; Braniste, V., et al. (2014). The gut microbiota influences blood-brain barrier permeability in mice. *Sci. Transl. Med., 6*, 263ra158; Janik, R., et al. (2016). Magnetic resonance spectroscopy reveals oral Lactobacillus promotion of increases in brain GABA, N-acetyl aspartate and glutamate. *NeuroImage, 125*, 988—995; Sampson, T. R., et al. (2016). Gut microbiota regulate motor deficits and neuroinflammation in a model of Parkinson's disease. *Cell, 167*, 1469—1480.e12; Mitew, S., Kirkcaldie, M. T. K., Dickson, T. C., & Vickers, J. C. (2013). Altered synapses and gliotransmission in Alzheimer's disease and AD model mice. *Neurobiol. Aging, 34*, 2341—2351; Bravo, J. A.,

et al. (2011). Ingestion of Lactobacillus strain regulates emotional behavior and central GABA receptor expression in a mouse via the vagus nerve. *Proc. Natl. Acad. Sci., 108,* 16050—16055.

5. Zheng, P., et al. (2016). Gut microbiome remodeling induces depressive-like behaviors through a pathway mediated by the host's metabolism. *Mol. Psychiatry, 21,* 786—796.

Chapter 11：疫苗

1. "AAP Publishes New Policies to Boost Child Immunization Rates" (2016). www. healthychildren.org.

2. De Vrese, M., et al. (2005). Probiotic bacteria stimulate virus-specific neutralizing antibodies following a booster polio vaccination. *Eur. J. Nutr., 44,* 406—413.

3. Soh, S. E., et al. (2010). Effect of probiotic supplementation in the first 6 months of life on specific antibody responses to infant hepatitis B vaccination. *Vaccine, 28,* 2577—2579.

4. Licciardi, P. V., et al. (2013). Maternal supplementation with LGG reduces vaccine-specific immune responses in infants at high-risk of developing allergic disease. *Front. Immunol., 4,* 381.

5. Kukkonen, K., Nieminen, T., Poussa, T., Savilahti, E., & Kuitunen, M. (2006). Effect of probiotics on vaccine antibody responses in infancy: A randomized placebo-controlled double-blind trial. *Pediatr. Allergy Immunol., 17,* 416—421.

6. Mao, X., et al. (2016). Dietary Lactobacillus rhamnosus GG supplementation improves the mucosal barrier function in the intestine of weaned piglets challenged by porcine rotavirus. *PloS One, 11,* e0146312.

7. Davidson, L. E., Fiorino, A.-M., Snydman, D. R., & Hibberd, P. L. (2011). Lactobacillus GG as an immune adjuvant for live-attenuated influenza vaccine in healthy adults: A randomized double-blind placebo-controlled trial. *Eur. J. Clin. Nutr., 65,* 501—507.

Chapter 12：環境

1. Morass, B., Kiechl-Kohlendorfer, U., & Horak, E. (2008). The impact of early lifestyle factors on wheezing and asthma in Austrian preschool children. *Acta Paediatr., 97,* 337—341.

2. Stein, M. M., et al. (2016). Innate immunity and asthma risk in Amish and Hutterite farm

children. *N. Engl. J. Med., 375*, 411—421.

3. Riedler, J., et al. (2001). Exposure to farming in early life and development of asthma and allergy: A cross-sectional survey. *Lancet Lond. Engl., 358*, 1129—1133; Fall, T., et al. (2015). Early exposure to dogs and farm animals and the risk of childhood asthma. *JAMA Pediatr., 169*, e153219; Von Mutius, E. (2007). Allergies, infections and the hygiene hypothesis: The epidemiological evidence. *Immunobiology, 212*, 433—439.

4. Stein, M. M., et al. (2016). Innate immunity and asthma risk in Amish and Hutterite farm children. *N. Engl. J. Med., 375*, 411—421.

5. Fall, T., et al. (2015). Early exposure to dogs and farm animals and the risk of childhood asthma. *JAMA Pediatr., 169*, e153219.

6. Fujimura, K. E., et al. (2014). House dust exposure mediates gut microbiome Lactobacillus enrichment and airway immune defense against allergens and virus infection. *Proc. Natl. Acad. Sci., 111*, 805—810.

7. Fall, T., et al. (2015). Early exposure to dogs and farm animals and the risk of childhood asthma. *JAMA Pediatr., 169*, e153219.

8. Song, S. J., et al. (2013). Cohabiting family members share microbiota with one another and with their dogs. *eLife, 2*, e00458.

9. Lax, S., et al. (2014). Longitudinal analysis of microbial interaction between humans and the indoor environment. *Science, 345,* 1048—1052.

10. Krezalek, M. A., DeFazio, J., Zaborina, O., Zaborin, A., & Alverdy, J. C. (2016). The shift of an intestinal "microbiome" to a "pathobiome" governs the course and outcome of sepsis following surgical injury. *Shock, 45*, 475—482.

11. Lynch, S. J., Sears, M. R., & Hancox, R. J. (2016). Thumb-sucking, nail-biting, and atopic sensitization, asthma, and hay fever. *Pediatrics.* doi:10.1542/peds 2016-0443.

12. Yee, A. L., & Gilbert, J. A. (2016). Microbiome. Is triclosan harming your microbiome? *Science, 353*, 348—349.

13. Poole, et al. (2016) *mSphere, 1*, 3.

14. Hospodsky, D., et al. (2014). Hand bacterial communities vary across two different human populations. *Microbiology, 160*, 1144—1152.

15. Gibbons, S. M., et al. (2015). Ecological succession and viability of human-associated microbiota on restroom surfaces. *Appl. Environ. Microbiol., 81*, 765—773.

16. Miranda, R. C., & Schaffner, D. W. (2016). Longer contact times increase cross-contamination of Enterobacter aerogenes from surfaces to food. *Appl. Environ. Microbiol., 82*, 6490—6496.

17. Morass, B., Kiechl-Kohlendorfer, U., & Horak, E. (2008). The impact of early lifestyle factors on wheezing and asthma in Austrian preschool children. *Acta Paediatr., 97*, 337—341.

18. Afshinnekoo, E., et al. (2015). Geospatial resolution of human and bacterial diversity with city-scale metagenomics. *Cell Syst., 1*, 97—97.e3.

19. Hsu, T., et al. (2016). Urban transit system microbial communities differ by surface type and interaction with humans and the environment. *mSystems, 1*, e00018—16.

20. Gonzalez, A., et al. (2016). Avoiding pandemic fears in the subway and conquering the platypus: Table 1. *mSystems, 1*, e00050—16.

21. Hesselmar, B., Hicke-Roberts, A., & Wennergren, G. (2015). Allergy in children in hand versus machine dishwashing. *Pediatrics, 135*, e590—597.

22. Kamimura, M., et al. (2016). The effects of daily bathing on symptoms of patients with bronchial asthma. *Asia Pac. Allergy, 6*, 112—119.

23. Costello, E. K., Gordon, J. I., Secor, S. M., & Knight, R. (2010). Post-prandial remodeling of the gut microbiota in Burmese pythons. *ISME J., 4*, 1375—1385.

24. Thaiss, C. A., et al. (2014). Transkingdom control of microbiota diurnal oscillations promotes metabolic homeostasis. *Cell, 159*, 514—529.

25. Leone, V., et al. (2015). Effects of diurnal variation of gut microbes and high-fat feeding on host circadian clock function and metabolism. *Cell Host Microbe, 17*, 681—689.

26. Korves, T. M., et al. (2013). Bacterial communities in commercial aircraft high-efficiency particulate air (HEPA) filters assessed by PhyloChip analysis. *Indoor Air, 23*, 50—61.

27. Kembel, S. W., et al. (2014). Architectural design drives the biogeography of indoor bacterial communities. *PLoS One, 9*, e87093.

Chapter 13：健康問題

1. Yan, M., et al. (2013). Nasal microenvironments and interspecific interactions influence nasal microbiota complexity and S. aureus carriage. *Cell Host Microbe, 14*, 631—640.

2. Zipperer, A., et al. (2016). Human commensals producing a novel antibiotic impair pathogen colonization. *Nature, 535*, 511—516.

3. Fall, T., et al. (2015). Early exposure to dogs and farm animals and the risk of childhood asthma. *JAMA Pediatr., 169*, e153219.

4. Fujimura, K. E., et al. (2014). House dust exposure mediates gut microbiome

Lactobacillus enrichment and airway immune defense against allergens and virus infection. *Proc. Natl. Acad. Sci., 111*, 805—810.

5. Stein, M. M., et al. (2016). Innate immunity and asthma risk in Amish and Hutterite farm children. *N. Engl. J. Med., 375*, 411—421.

6. Arrieta, M.-C., et al. (2015). Early infancy microbial and metabolic alterations affect risk of childhood asthma. *Sci. Transl. Med., 7,* 307ra152.

7. Fujimura, K. E., et al. (2016). Neonatal gut microbiota associates with childhood multisensitized atopy and T cell differentiation. *Nat. Med., 22*, 1187—1191.

8. Hsiao, E. Y., et al. (2013). Microbiota modulate behavioral and physiological abnormalities associated with neurodevelopmental disorders. *Cell, 155*, 1451—1463.

9. Kang, D.-W., et al. (2013). Reduced incidence of Prevotella and other fermenters in intestinal microflora of autistic children. *PLoS One, 8*, e68322.

10. Teng, F., et al. (2015). Prediction of early childhood caries via spatial-temporal variations of oral microbiota. *Cell Host Microbe, 18*, 296—306.

11. Pozo-Rubio, T., et al. (2013). Influence of early environmental factors on lymphocyte subsets and gut microbiota in infants at risk of celiac disease; the PROFICEL study. *Nutr. Hosp., 28*, 464—473.

12. Davis-Richardson, A. G., et al. (2014). Bacteroides dorei dominates gut microbiome prior to autoimmunity in Finnish children at high risk for type 1 diabetes. *Front. Microbiol., 5*, 678.

結論：別再相信沒有根據的說法了

1. Reber, S. O., et al. (2016). Immunization with a heat-killed preparation of the environmental bacterium *Mycobacterium vaccae* promotes stress resilience in mice. *Proc. Natl. Acad. Sci., 113*, E3130—E3139.

2. Sivan, A., et al. (2015). Commensal Bifidobacterium promotes antitumor immunity and facilitates anti-PD-L1 efficacy. *Science, 350*, 1084—1089.

國家圖書館出版品預行編目（CIP）資料

髒養：美國頂尖科學家談細菌對寶寶免疫力的益處，從孕前起的105個育兒Q&A
傑克·紀伯特（Jack Gilbert），羅布·奈特（Rob Knight），珊卓拉·布萊克斯里（Sandra Blakeslee）著；
白承樺譯. －初版. －臺北市：遠流, 2018.11

304面；14.8×21公分. －（綠蠹魚；YLP23）

譯自：Dirt is good : the advantage of germs for your child's developing immune system

ISBN 978-957-32-8380-5（平裝）

1.細菌 2.幼兒健康 3.問題集

369.4022　　107017303

綠蠹魚 YLP23

髒養：
美國頂尖科學家談細菌對寶寶免疫力的益處，從孕前起的105個育兒Q&A

作　　者　傑克·紀伯特博士 Jack Gilbert, Ph.D.
　　　　　羅布·奈特博士 Rob Knight, Ph.D.
　　　　　珊卓拉·布萊克斯里 Sandra Blakeslee
譯　　者　白承樺
責任編輯　沈嘉悅
美術設計　海流設計
副總編輯　鄭雪如

發 行 人　王榮文
出版發行　遠流出版事業股份有限公司
　　　　　100臺北市南昌路二段81號6樓
　　　　　電話　（02）2392-6899
　　　　　傳真　（02）2392-6658
　　　　　郵撥　0189456-1

著作權顧問──蕭雄淋律師

2018年11月1日 初版一刷
售價新台幣350元（如有缺頁或破損，請寄回更換）
有著作權·侵害必究 Printed in Taiwan
ISBN 978-957-32-8380-5

遠流博識網 www.ylib.com　E-mail: ylib@ylib.com
遠流粉絲團 www.facebook.com/ylibfans